成品油管道油流携水流动特性

徐广丽 编著

石油工业出版社

内 容 提 要

本书借助实验研究、理论分析以及数值模拟三种手段对地形起伏管道油流携水这一局部两相流系统流动特性进行了研究,系统分析了局部两相流的流型、积水在流动方向上的分布特征、油流携水的临界条件、水相的速度分布,揭示了局部油水两相流与传统两相流流动特性上的差异。本书反映科技新成果,知识面广,具有一定理论深度,有较好的理论和应用价值。

本书可作为科研院所工作人员、研究生在局部油水两相流方向的研究指导书,还可供相关工程技术人员参考。

图书在版编目(CIP)数据

成品油管道油流携水流动特性/徐广丽编著. —北京:石油工业出版社,2018.8

ISBN 978-7-5183-2837-6

Ⅰ.①成… Ⅱ.①徐… Ⅲ.①成品油管道—油流动—特性—研究 Ⅳ.①TE832

中国版本图书馆 CIP 数据核字(2018)第 196349 号

出版发行:石油工业出版社

(北京市朝阳区安华里2区1号楼 100011)
网　　址:www.petropub.com
编辑部:(010)64256990
图书营销中心:(010)64523633　(010)64523731

经　销:全国新华书店
排　版:北京市密东文创科技有限公司
印　刷:北京中石油彩色印刷有限责任公司

2018年8月第1版　2018年8月第1次印刷
787毫米×1092毫米　开本:1/16　印张:8
字数:205千字

定价:44.90元
(如出现印装质量问题,我社图书营销中心负责调换)
版权所有,翻印必究

前　言

随着大量长距离成品油管道、天然气管道的投产运行,地形起伏管道内积水带来的问题逐渐引起人们的重视。积水不仅降低管输效率、加速管道内壁腐蚀,还可在一定条件下引起天然气管道发生冰堵。国内成品油管道已多次发生因管内积水处的腐蚀产物引起输油干线过滤器、减压阀等设备的堵塞事故以及清管器卡阻事故,严重影响了管道输油计划的执行以及管道的正常运行。因此,必须采取措施来排除地形起伏管道内的积水。

基于井筒"连续携液"思路,编者提出了利用上游来流连续携带管道低洼处的积水,即利用流动的油流不断地冲刷、剪切低洼处积水,使其沿油流流动方向向前运动。利用油流冲刷低洼处积水进而将其排出管道是减少成品油管道腐蚀、防止管道堵塞的有效方法。目前,国内外还没有一本油流携水方面的专门书籍。

鉴于上述情况,结合国内外有关资料,本书将从实验研究、理论分析、数值模拟三方面,对油流携水作用机理及油流携水流动特性进行深入系统的介绍。与传统油水两相流不同,成品油油流携水属于局部两相流,即水相仅在管道一定区域内存在,其余区域均为油相。因此,油流携水流动特性与传统两相流存在明显差异。

本书共分6章:第1章介绍成品油管道油流携水流动特性研究的重要性;第2章主要从实验方面总结地形起伏管段中在油流剪切作用下的积水分布特征、积水被携带的临界条件;第3章、第4章分别对水平、上倾管段中积水分布特征进行了理论建模;第5章、第6章从数值模拟方面对地形起伏管道中油流携水问题进行分析。

本书在编写过程中得到了中国石油大学(华东)、西南石油大学多位老师的支持和鼓励,西南石油大学蔡亮学、刘娟进行了部分图件的设计。同时,本书得到了国家自然科学基金青年基金项目(No.51606160)的直接资助。在此谨向他们表示衷心的感谢。

由于作者水平所限,书中存在错误和不妥之处在所难免,恳请读者提出批评指正。

徐广丽
2018年6月于西南石油大学

目 录

第1章 绪论 ·· 1
　　参考文献 ··· 3
第2章 油流携水实验研究 ··· 4
　2.1 小管径实验系统及实验流程 ·· 4
　2.2 大管径实验系统及实验流程 ·· 7
　2.3 测量装置 ··· 9
　2.4 实验参数及实验介质的物性参数 ··· 10
　2.5 实验结果 ··· 12
　2.6 本章小结 ··· 20
　　参考文献 ··· 20
第3章 水平管段内油流携水理论分析 ·· 22
　3.1 油水界面稳定性模型 ·· 22
　3.2 水塞模型 ··· 27
　3.3 分散流模型 ··· 42
　3.4 大管径水平管路系统的预测 ·· 45
　3.5 本章小结 ··· 47
　　参考文献 ··· 48
第4章 上倾管段内油流携水理论分析 ·· 50
　4.1 不稳定水塞模型 ·· 50
　4.2 偏心大水滴模型 ·· 58
　4.3 本章小结 ··· 61
　　参考文献 ··· 62
第5章 油流携水流动特性二维数值模拟 ·· 63
　5.1 几何模型及网格划分 ·· 64
　5.2 数学求解模型 ·· 68
　5.3 模拟结果及验证 ·· 72
　5.4 本章小结 ··· 93
　　参考文献 ··· 94

第6章 油流携水系统界面失稳三维数值模拟 ································· 95
6.1 几何模型及网格划分 ·· 95
6.2 数学求解模型 ·· 96
6.3 模拟结果及验证 ·· 97
6.4 本章小结 ··· 105
参考文献 ·· 106
主要符号表 ··· 107
附录 ·· 110
附录A 术语解释 ··· 110
附录B 两相界面呈梯度分布时分层流稳定性分析 ················· 111
附录C UDF定义入口速度边界 ·· 122

第1章
绪论

　　大口径长距离成品油管道的使用在我国属于起步阶段,目前已建成投产的有兰成渝成品油管道、西南成品油管道、西部成品油管道以及兰—郑—长(兰州—郑州—长沙)成品油管道等。国外成品油管道发展较早,已经形成了一套比较完善的运营管理体制,而国内对成品油管道的运营、管理还处于经验积累阶段。在兰成渝管道运营过程中,已发生多次过滤器堵塞问题。鲁皖一期成品油管道以及西南成品油管道投产后也有类似情况发生。据统计[1],截至2004年年底,兰成渝管道因杂质堵塞干线过滤器、减压阀、泵机械密封冷却管、泵进出口阀门闸板槽等设备造成的停输事故占总停输事故量的91%以上。根据检测报告,管内杂质的主要成分是沙石、焊渣和铁的氧化物(氧化铁)。

　　管道施工期间,石子、焊渣等杂物存留在管道中,虽采取了分段通球、风吹扫线等措施,因管道较长致使难以彻底清除。铁锈的来源主要有两部分:一是管道施工期间管道暴露于大气中产生的浮锈;二是管道运营过程中管壁内腐蚀产生的铁锈。有学者对钢管内壁的浮锈生成规律以及兰成渝成品油管道所输油品的腐蚀性进行了实验研究[2-3],认为钢管投产前暴露于空气(含水汽)中,钢管内壁势必发生腐蚀,通过浮锈实验测得水盆上方的钢管腐蚀速率为 $0.0091\text{mm} \cdot \text{a}^{-1}$;同时采用美国 CORTEST 公司 Microcor 快速高分辨率磁感应腐蚀监测系统在兰成渝管道成都站进行了在线监测,测得管道的内腐蚀速率为 $0.005 \sim 0.0244\text{mm} \cdot \text{a}^{-1}$。可见,管道的内腐蚀速率与浮锈实验测得的水盆环境下钢管的腐蚀速率大小相当。不过文献[2]、[3]的作者认为兰成渝管道中铁锈来源于管道投产前的内壁浮锈;而油品本身的腐蚀性很小,短期内不能产生大量铁锈。根据水盆上方的腐蚀速率以及实测内腐蚀速率计算1年内产生的腐蚀量(取钢管密度 $7.85 \times 10^3 \text{kg} \cdot \text{m}^{-3}$,管长1247km,管内径508mm)分别约为142t、78~381t;另外,清管杂质中氧化铁的量并未随清管操作的不断进行而显著减少。由此可看出,因管道中油品腐蚀性产生的铁锈不容忽视,清管杂质中的氧化铁也来源于管道内壁腐蚀。

　　腐蚀需要电解质溶液环境,说明成品油管道中存在水。管道中水的来源有:(1)对于大落差管道,管道投产时采用油顶水的方式驱水,由于油水密度差较大、黏度差较小,同等压能下油品的爬坡能力比水强,可能出现油品已越过高点而水沿管道下壁逆流的现象,因此管道低洼处形成积水;(2)所输油品含有微量水,也因密度较大而聚集在管道低洼处。根据某成品油管道内检测报告,大部分腐蚀严重区域集中在地形起伏较大的管段的低洼地段,且腐蚀点基本上都分布在管道的中下部。因此,导致成品油管道内腐蚀的主要原因是地形起伏管道低洼管段产生的积水。另外,低洼处聚集的积水还为硫酸盐还原菌的生存繁殖提供了条件,硫酸盐还原菌导致的内腐蚀速率基本不受油流的剪切冲击的影响[4]。

　　管内积水不仅会降低管输效率,还可加速管道内壁腐蚀,不断产生固体腐蚀产物。若管道中油品流速增大,油流对腐蚀产物的搅动增大,腐蚀产物会被油品携带,会阻塞过滤器、减压阀等设备。因此,必须采取措施来排除地形起伏管道内的积水。若能将成品油管道中的积水携带出去,可有效减轻管道内腐蚀并减少腐蚀产物阻塞过滤器、减压阀等设备的阻塞事故的发生。

管输油品自身具有一定的冲刷携带能力,若利用上游来流将管道低洼处积水携带出去,既可减轻管道的内腐蚀、减少清管操作次数,又能减少阻塞事故以及管道计划外停输事故的发生。因此,研究油流排除管中积水对保障成品油管道的安全运营具有重要的工程应用价值。

20世纪60年代开始,Turner[5]、Coleman[6]、杨川东[7]、Nosseir[8]、李闽[9]等学者对气藏井筒内积液的连续携带规律进行研究,建立了多种模型(如液膜模型、液滴模型等)用以预测井筒内积液可被携带的临界气速,取得了良好的现场应用效果。J. G. Flores[10]针对直井、斜井中油流携水问题进行了研究,测试管段上倾倾角分别为45°、60°、75°、90°。实验中一定量的水先被注入管路,水相在油流冲刷下将向上运移,5min后采用快关阀门法对管内介质进行取样,若含油率超过98%,认为积水全部被携带。虽然直井、斜井井筒内积液的力学特性明显区别于沿地形敷设的小倾角起伏管道内的积液,其研究成果无法指导地形起伏管道中积液的排除,但其研究思路可借鉴用于分析起伏管道积水的携带。

虽然在1975年,已有学者研究了油水两相流中油相夹带水相的临界条件[11],但其结论是基于油水两相按照各自流路流动而得,对地形起伏管道中油流携带积液的局部两相流问题无能为力。1997年,日本学者Horii[12]利用管径79mm的U形管道对轴向气流与螺旋气流的携水能力进行了对比实验,得到螺旋气流能迅速排出U形管中的积液,而轴向气流在带动积液上升一段时间后出现回流及摆振。针对Horii的实验装置,2002年,沈芳等[13]提出了变厚度模型来描述上倾管内液膜的分布,合理地说明了螺旋流能排尽斜管中的积液,而轴向流不能。但是变厚度模型未考虑在某轴向位置处液膜厚度随时间的变化,因而不适用于油流携带积液这一非定常局部油水两相流系统。2007年,挪威科技大学有学者[14]对天然气管道中积液的排除进行了研究,但目前未见成果发表。2014年,Birvalski等[15]采用管径50.8mm、左右对称的"V"形测试管道对空气携带低洼处积水这一局部气液两相流的流动特性进行了实验研究,下倾、上倾管段夹角为1.3°~2.1°,观察到的流型有两种——气速小于3.8m·s^{-1}(气相表观雷诺数为12553)时,为界面光滑分层流;气速等于3.8m·s^{-1}时积水端部产生第一个波动;气速超过3.8m·s^{-1}后,波动逐渐加剧,为界面波动分层流,如图1.1所示。实验发现,若积水一旦完全进入上倾管段,最终将全部被气流携带出去,这证实积水可在较大气流作用下被完全携带,也证实了利用上游来流连续携带低洼处积液的可行性。

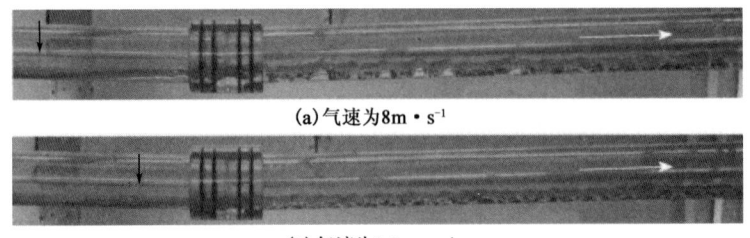

(a)气速为8m·s^{-1}

(b)气速为8.6m·s^{-1}

图1.1 管径50.8mm、倾角1.7°、水量400mL时,不同气速冲刷作用下的积水形态

(黑色向下箭头表示水相在管路中稳定存在的起始位置)

另外,在气田开采过程中,集气管线会采出游离水,导致天然气管线中产生积液。同时,在天然气管输过程中,由于管壁与周围环境之间的热交换,管内流体温度降低,天然气的饱和含水量减小,一定条件下会析出凝析液,因其密度大于气相而聚集于管道地势低洼处形成积液。管中积液不仅降低了气体有效输送面积和管输效率,还可在一定温度、压力等条件下形成天然气水合物,导致管道堵塞事故,严重影响着管道的安全、高效运行。油流携带管中积水也可用于指导天然气管道中积液的排除。

上游来流携带低洼处积液属于两相流范畴,然而其流动性质与传统两相流有所不同(因管道内积液存于地势较低的某些位置,故为局部油水两相流)。与传统两相流相比,局部两相流流动介质沿其流动方向有所变化,即:若管线内某位置处的积液在油流剪切作业下沿油流流动方向向前运动,则此位置处积液相含量减小,甚至降至零(此时,流动介质被纯油所取代,由两相流变为单相流)。本书将围绕这一局部两相流系统,采用实验研究、理论分析与数值模拟等手段分析地形起伏管道中油流携水的流动特性,包括积水运动形态、积水运动速度、两相剪切应力、积水被携带的临界条件及其影响因素与影响规律等。

参 考 文 献

[1] 陶江华,田艳玲,杨其国,等. 成品油管道运营问题分析及其解决方法[J]. 油气储运,2006,25(5):59-61.

[2] 杨庆阳. 兰成渝管道杂质成因分析与应对[D]. 青岛:中国石油大学,2009.

[3] 宋飞,朱峰,潘红梅,等. 兰成渝管道杂质来源分析[J]. 油气储运,2010,29(5):381-383.

[4] Xiaoqin Song, Yuexin Yang, Dongliang Yu, et al. Studies on the impact of fluid flow in the microbial corrosion behavior of product oil pipelines [J]. Journal of Petroleum Science and Engineering, 2016, 146:803-812.

[5] Turner R G, Hunnard M G, Dukler A E. Analysis and prediction of minimum flow rate for the continuous removal of liquids from gas wells [C]. SPE 2198, SPE 43rd fall meeting, Houston, Tx. USA, 1968.

[6] Coleman S B, Clay H B, McCurdy D G. A new look at prediction gas-well load-up [J]. JPT, 1991(3):329-333.

[7] 杨川东. 采气工程[M]. 北京:石油工业出版社,2000.

[8] Nosseir M A, Dawich T A. A new approach for accurate prediction of loading in gas wells under different flowing conditions [C]. SPE 66540, 2000.

[9] 李闽. 一个新的气井连续排液模型[J]. 天然气工业,2001,21(5):61-63.

[10] Flores J G. Oil-water flow in vertical and deviated wells [D]. Tulsa:The University of Tulsa,1997.

[11] Wicks M, Fraser J P. Entrainment of water by flowing oil [J]. Materials Performance,1975(5):9-12.

[12] Horii K, Zhao Yaohua, et al. High performance spiral air-flow apparatus for purging residual water in a pipeline [C]. ASME Fluids Engineering Division Summer Meeting, Vancouver, Canada, ASME, FEDSM 1997:1-6.

[13] Shen Fang, Yan Zongyi, Zhao Yaohua, et al. Theoretical analysis of using airflow to purge residual water in an inclined pipe[J]. Applied Mathematics and Mechanics,2002,23(6):694-702.

[14] Ole Jorgen Nydal. Multiphase flow of PhD program Multiphase transport [EB/OL]. http://www.ivt.ntnu.no/ept/multiphase/To Be Syncronized/Reports/GRS. pdf, NTNU,2007.

[15] Birvalski M, Koren G B, Henkes R A W M. Experiments and modelling of liquid accumulation in the low elbow of a gas/liquid pipeline. In Proceedings of the 9th North American Conference on Multiphase Technology 2014, Cranfield, UK: BHR Group,41-55.

第2章 油流携水实验研究

研究之初,学者们开始探寻积水流动特征以及积水排出管路时的临界条件,如:J. G. Flores、徐广丽、许道振、X. Q. Song 等,所采用的实验介质、测试管段、油相速度、水含量等参数见表2.1。表2.1 所示学者采用的实验环道及测试方法主要有两种,即小管径实验环道(图2.1)、大管径实验环道(图2.5)。本章将详细描述上述两种管流实验平台上进行的油流携水实验研究所采用的实验系统组成、测试管段布置方式、实验介质的物性、实验方法、数据的采集与处理、实验所测参数、测量结果及其不确定度。

表2.1 不同学者采用的实验参数

作者	实验介质	密度 kg·m^{-3}	黏度 mPa·s	管径 mm	管材	倾角 (°)	水含量	油相速度 m·s^{-1}	油相雷诺数
徐广丽等[1-2]	0#柴油 自来水	855.83 977.04	3.43 0.895	27、41	钢管	12	15mL、25mL、40mL	0.08~0.24	539~1617
许道振等[3]	0#柴油 自来水	860 1000	3.4 1	50	有机玻璃	20	5%~20%	0.04~0.27	531~3402
Xu 等[4]	0#柴油 自来水	855.83 977.04	3.43 0.895	50	有机玻璃	10/15/20	10%~40%	0.11~0.27	1372~3368
Song 等[5]	柴油 水	833.5 998.21	3.575 1.03	50	有机玻璃	10~45	4L (29%)	0.1~0.35	1166~4080
许道振等[6]	LVT-200 1% NaCl	825 —	2 —	100	—	5/10/20/30		0.2~0.6	8250~24750

注:除 Song 等实验介质为20℃的物性,其余均为25℃时的物性。

2.1 小管径实验系统及实验流程

小管径实验系统最初为徐广丽等[1]设计,后来学者不断改进、完善,管径由最初的27mm增大到41mm[2]、50mm[3-5],测试段管材从不透明镀锌钢管升级为透明可视的有机玻璃。

2.1.1 实验系统

依地势而敷设的成品油管道,形状复杂,难以对其准确建模。为研究油流携水系统的作用机理,徐广丽等[2]设计了由油相动力与计量系统、水相注入系统、测试管段等组成的实验环道,其流程图如图2.1(a)所示。油相计量系统包括:油罐(约50L)、磁力离心泵、流量变送器、调节阀和调节回路。水相注入系统包括:内径3.7mm的金属管、控制阀、注射器以及密封软管,如图2.1(b)、(c)所示。实验介质为柴油和自来水。

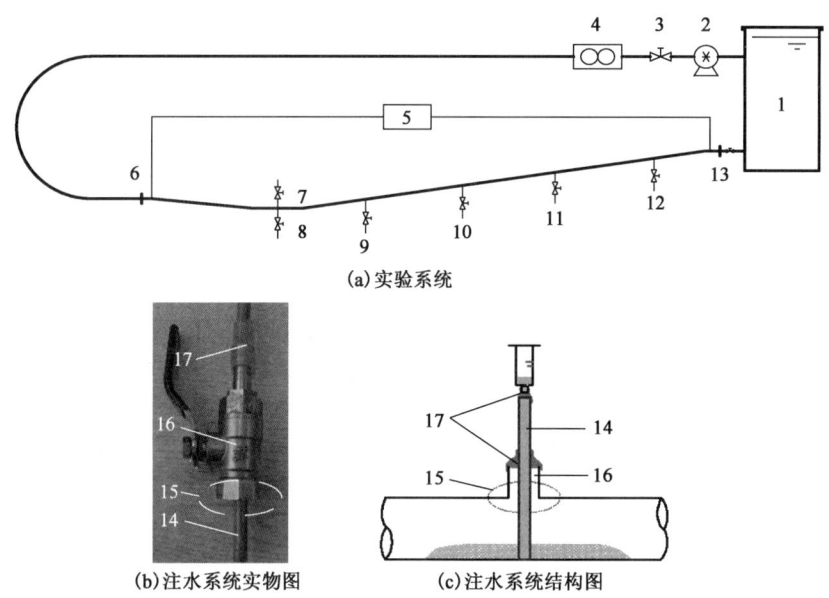

图2.1 小管径油流携水实验环道流程图

1—储油罐;2—磁力泵;3—调节阀;4—流量计;5—差压传感器;6、13—法兰;7—注水阀;
8~12—出水阀;14—金属管;15—与水平测试管段连接处;16—控制阀;17—密封软管

柴油存储在储油罐中,由泵打入环道,经标定的流量计后进入测试管段,最后回到储罐。采用注水系统将一定体积的水由注水阀7注入水平管段:金属管一端插入水平管段底部,另一端通过密封软管与注射器连接。

测试管段由下倾、水平、上倾三段管段组成,其中水平管段地势最低,以保证注入测试管段的水在启泵前聚集于此。采用上倾管段不同位置处开出水孔的镀锌钢管测试系统来分析在油流剪切作用下进入上倾管段不同位置处的水量;采用玻璃、塑料、有机玻璃等透明测试系统来观察积水在油流剪切作用下的分布形态。

2.1.1.1 钢管测试管段

钢管测试管段总长6m[图2.1(a)中两法兰6、13之间为测试段],下倾、水平和上倾管段的管长分别约为1m、0.5m和4m,其余约0.5 m用于保证测试管段两端的法兰连接。下倾管段倾角为3°,上倾管段倾角12°,如图2.2所示为钢管测试管段的示意图。上倾管段上装有四个均匀分布的内径为6mm的出水阀,分别称为1、2、3、4号出水孔[对应图2.1(a)中的9~12出水阀],用来测量在油流剪切作用下进入上倾管段上不同位置处的出水量,其距水平管段右端点的水平距离分别为0.5m、1.5m、2.5m、3.5m。实验系统采用管径(内径)27mm、41mm的镀锌钢管,并采用支架系统架起,以保证从地势最低的水平管段上出水阀放空环道。

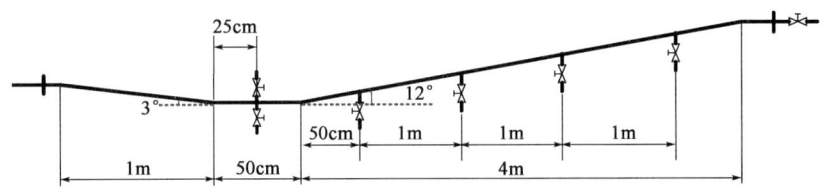

图 2.2 钢管测试管段示意图

2.1.1.2 透明管测试管段

在实验初期,为直观认识油流携水时积水的分布形态,分别采用与钢管测试管段地形一致、内径 15mm 的玻璃管和内径 25mm 的加筋塑料软管两套支路系统对积水分布形态进行了观察[1]。其一端通过三通接头与测试管段上游相连,另一端则从油罐顶部插入油罐中。水通过暴露于大气(插入油罐)的一端注入,依靠水自身重力缓慢聚集至地势最低处。因上述透明管支路系统的测量不够准确,建造了地形起伏、内径为 50mm 的有机玻璃测试管段[3-4],其一端通过法兰与钢管测试管段的水平管段相连,另一端通过金属软管与油罐入口相接,如图 2.3 所示,水平管段总长约 1.1m,上倾管段长约 4m,上倾倾角为 10°、15°、20°。Song 等[5]采用的管径 50mm 有机玻璃测试系统(图 2.4)与图 2.3 略有区别,测试管段由水平、上倾两段组成,长度均为 1m,测试管段上游的下倾管段被取消。

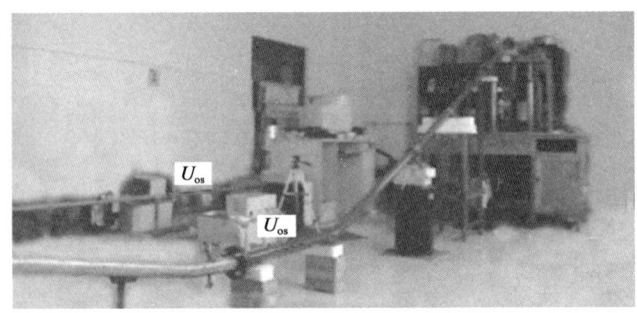

图 2.3 有机玻璃测试系统示意图($\beta = 20°$)[4]

图 2.4 有机玻璃测试系统示意图($\beta = 10° \sim 45°$,间隔 5°)[5]

2.1.2 实验流程

图 2.1、图 2.3 所示环道的测试流程一致。油相流量均通过调节阀和调节旁路系统控制,为避免磁力离心泵震动对测量结果的影响,在泵的出口及入口均安装减震软管。每组实验开始前,油相在最大流量下流经整个实验环道,以排出环道中的空气。依靠调节阀和旁路系统调节油相流量至所需值后,停泵,采用注水系统将水注入水平测试段底部。启泵,水在柴油剪切作用下运动,同时打开上倾管段上某一出水阀,5min 后停泵,同时关闭出水阀,最后将实验环道放空,并接出环道中的所有混合液。分别测量 5min 内出水阀处接出的混合液中的水量以及放空环道时接出的混合液中的水量,前者即为在油流剪切作用下上倾管段某一位置处的出水量,后者则为不能被油流携带的水量,可用于检验水相的质量守恒。出水量不为零的最小油相流量称为上倾管段某位置处的临界油相流量,相应的油相表观速度称为临界表观油速。

除注水过程略有区别,图 2.4 所示环道的测试流程与上述实验流程基本一致。Song 等[5]通过并联管路实现不停泵完成注水:油相流量调节至所需值后,切换油流进入旁通管路而主管路中油品静置,经主管路注水单元注入一定量水同时放出与水等量的油,注水完成后将油流切换回主管路,水相将在油流剪切作用下进入测试管段。

2.2 大管径实验系统及实验流程

为更深入地研究积水在倾斜管道中的运动状态,许道振等[6]利用美国俄亥俄大学管径为 100mm 的大型环道进行了油流携水实验研究,图 2.5 为大管径环道的流程图。

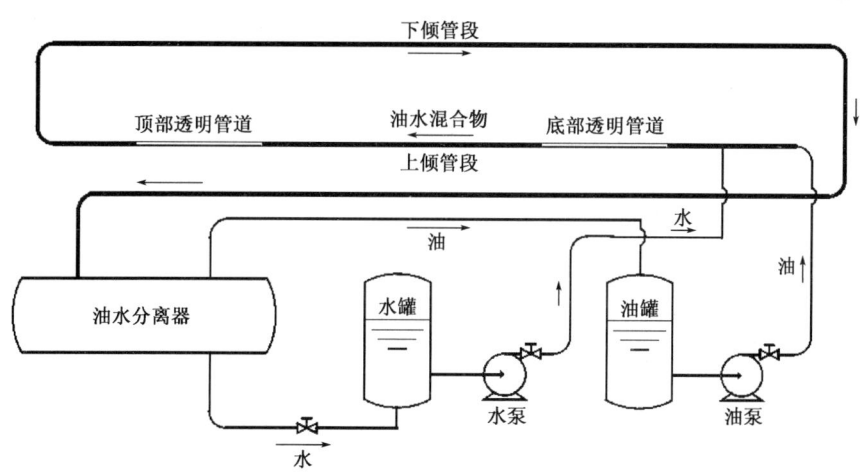

图 2.5 大管径油流携水实验环道流程图

2.2.1 实验系统

实验系统主要由管路和支架系统、动力系统、储罐与分离系统、数据采集系统四部分组成。

油水两相经油泵和水泵加压,通过T形管段混合后,进入测试管段,然后油水两相进入油水分离器实现油水分离后分别回流到油罐和水罐,从而实现整个环道系统的循环连续运行。这一系统即为研究传统油水两相流时常用的实验环道系统,如P. Angeli[7-8]、Y. Taitel[9]等采用的系统。

(1)管路和支架系统。实验管道总长为50m,管道内径为100mm。实验测试段被固定在支架上,通过调节支架底部的液压支柱,可调节管道的倾斜角度,实现管道从水平到垂直任意角度的倾斜。实验测试段长度为30m、单程15m,当管道倾斜时可以分别研究上倾管和下倾管中的多相流问题。在上倾管段的底部与顶部分别安装有两段透明管,可实现流型的直接观察。为了更好地模拟现场实际工况下的运行情况,同时消除由于管材不同而对流动造成的影响,除了两段用于观察流动的透明管段以外,上倾管中的其余管段由碳钢和不锈钢组成。在碳钢管段安装电阻探针,用来检测壁面的润湿情况。

(2)动力系统。油水两相分别由两台油泵和一台水泵提供动力,最高流速可达$3m \cdot s^{-1}$。油泵、水泵采用变频电动机驱动,可通过调节电动机频率实现对油速水速的精确控制。

(3)储罐与分离系统。油水两相储罐均为$1.2m^3$。为实现实验连续进行,在管道出口与储罐之间安装三相分离器。

(4)数据采集系统。采用常速摄像与高速摄像相结合的方法对上倾管两端透明管段中积水的运动特征进行采集。若需要测量管壁面润湿性,则需要电阻探针。

2.2.2 实验流程

与小管径实验环道流程不同,大管径实验环道中水只能通过水泵泵送入管道。因角度条件需要调节液压支柱,因此采用图2.5所示环道时只能单独测量水平管或上倾管内油流剪切积水的运行形态,且在测量水平管段、上倾管段时实验流程不同。

若测量水平管油流携水过程,实验开始前,首先根据双流体模型,对不同表观油速和表观水速工况下的水相截面含率进行标定,为设定初始积液高度做前期准备工作。根据初始积水高度,分别确定定水泵和油泵的转速。开启水泵和油泵,调节泵转速到所需值,待流场充分发展后,同时停止水泵和油泵。静置5min后,管道中充满油相和水相,并且管道的水相高度符合初始的设定值。打开摄像机,准备开始采集透明管段中油水两相运动形态。准备就绪后,开启油泵并设定油泵的转速,达到预设的表观油速,待积水全部被带走或者运动稳定后结束实验。

若测量上倾管油流携水过程,首先开启油泵,使油相充满整个管道,待运行稳定后,关闭油泵。静置5min后,开启安置在透明管段的摄像机,并记录开始摄像的时间,然后通过调节液压支柱使得管道达到预设的倾角。关闭油泵出口处的阀门,开启水泵往管道中注水,为保证每次实验有相同的初始积水量以及管道运行时有足够的积水进入倾斜管段,当油水界面达到底部透明管段的中间位置时,停止水泵并关闭水泵出口处的阀门。开启油泵出口阀门,调节油泵转速使油相达到预设的表观流速。通过顶部和底部的两段有机透明玻璃管对流动进行观察,并通过摄像机进行记录。

2.3 测量装置

钢制小管径实验环道中需要测量的物理量有压差、温度、油相流量以及上倾测试管段某位置处的出水量,前三者分别采用差压传感器、温度传感器、流量变送器采集,出水量采用精度为±2.0%的量筒测量。大管径实验环道可采用电阻探针测量内壁润湿性。透明测试管段主要通过常速摄像机或(与)高速摄像机采集积水的运动形态。

2.3.1 差压传感器

差压传感器应根据管段两取压点处的预测压差进行选取。徐广丽等[1-2]选用日本YOKOGAWA公司EJA1110A型差压变送器来测量测试管段两端的压差,其测量范围为0~40kPa,精度等级0.1%,输出信号为标准二线制4~20mA电流,电流信号经250Ω标准电阻转换为1~5V的电压信号。在采集电路连接完成后,必须使用标准压力表进行标定,得到准确的换算关系。

2.3.2 温度传感器

温度传感器常采用精度较高的Pt100来测量油罐中油品的温度变化。实验前,应使用标准水银温度计进行标定,得到准确的换算关系。

2.3.3 流量变送器

流量变送器应根据实验方案的流量范围进行选取。徐广丽等[1-2]选用LWGY-15A型涡轮流量变送器来测量油相流量,其测量范围为$0.6 \sim 3.0 \text{m}^3 \cdot \text{h}^{-1}$,精度等级1%,输出信号为标准二线制4~20mA电流,电流信号经标准电阻转换为1~5V的电压信号。在采集电路连接完成后,必须使用标准压力表进行标定,得到准确的换算关系。

根据涡轮流量变送器的安装要求,在变送器上游和下游分别设置了长600mm($\geq 40D_f$)和150mm($\geq 10D_f$)的直管段(变送器上下游连接短管的内径D_f为15mm)用于整流,以消除管道内流速分布畸变和旋转流,保证测量结果的准确性。

2.3.4 电阻探针

电阻探针设计原理是油相和水相的导电率不同。探针一般由导线与圆柱管壁组成,导线与圆柱管壁之间的环形空间采用环氧树脂进行填充,使导线与管壁之间绝缘。电阻探针安装时,需要在安装位置打孔,将制作好的探针插入孔内并使其末端与管道内壁齐平。图2.6为其工作原理图,图中工作电压为5V,保护电压为-5V,对比电压为2.5V,其中工作电压加在探针的导线与管壁之间。为防止长时间在管壁处加载额外电压引起管壁腐蚀,每隔5ms使电压在保护电压和工作电压之间转化一次。若电压为工作电压,探针处于工作状态;若电压为保护电压,探针处于待机状态。当探针处于工作状态时,若水相将导线和壁面连通,则形成电流通路,A处的电压则为0,小于对比电压2.5V,输出为0;若导线和壁面之间被油相连通,则不能形成电流通路,A处的电压等于工作电压,为5V,大于对比电压2.5V,则输出为1。因此,根据输出信号可判断探针处管壁为水相还是油相:若输出信号为1,管壁为油相润湿;输出信号为0,管壁为水相润湿。

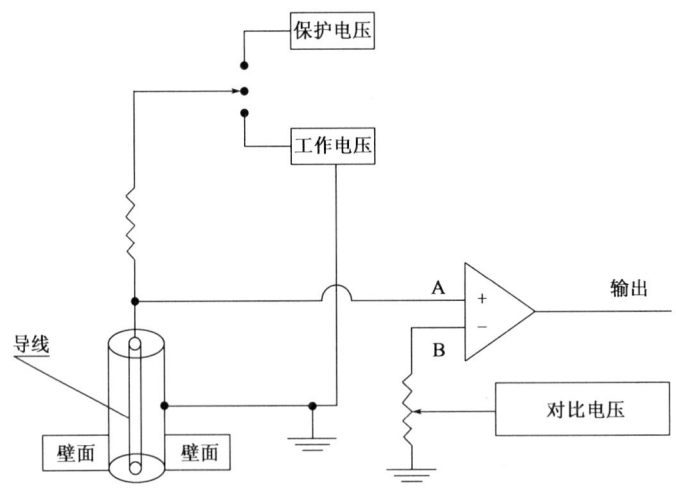

图2.6 电阻探针工作原理

2.4 实验参数及实验介质的物性参数

2.4.1 小管径环道实验参数

- 实验介质:0#柴油、自来水。
- 温度:室温条件。
- 上倾管段倾角:钢管——12°;有机玻璃管——10°、15°、20°。
- 油相流量。对于钢管测试系统:管径27mm,流量0.16～0.49$m^3 \cdot h^{-1}$;管径41mm,流量0.58～0.91$m^3 \cdot h^{-1}$。最大油相流量对应的表观雷诺数小于2000,即钢管测试系统中油相保持层流流动。对于有机玻璃测试系统:管径50mm,流量0.70～1.90$m^3 \cdot h^{-1}$,油相可处于层流、紊流两种流态。
- 注水量:假设水相平铺在地势最低的水平管段,则水相截面含率为

$$\varepsilon = V_w/(AL) A_w/A \tag{2.1}$$

式中,L为水平管段长度,m。对于管径27mm、41mm系统,L=0.5m;对于管径50mm系统,L=1.1m。

需要指出,局部两相流研究采用的水相截面含率与传统意义上油水两相流的体积含水率及水相截面含率不同,它是针对地形起伏管段中低洼处积水而引入的用于描述含水率的参数,其表达式如式(2.1)所示,具体释义见附录A。为保证不同管径管路系统的水相截面含率相同,两钢管测试系统以及有机玻璃测试系统的注水量见表2.2。

表 2.2　镀锌钢管测试管段与有机玻璃测试段的注水量

水相截面含率 ε	水相厚度 h/D	注水量 V_w/mL		
		$D=27$mm	$D=41$mm	$D=50$mm
0.02	0.06	—	15	51
0.04	0.08	—	25	84
0.05	0.10	15	—	108
0.06	0.11	—	40	140
0.09	0.14	25	—	185
0.14	0.20	40	—	310

注:"—"表示实验未进行。h 为管截面中心的水相厚度,如图 2.7 所示。

2.4.2　大管径环道实验参数

- 实验介质:LVT200 型模拟油、质量分数 1% 的 NaCl 水溶液。
- 温度:室温条件。
- 管段倾角:0°、5°、10°、20°、30°。
- 油相流量:流量 5.6 ~ 16.9 m³·h⁻¹。
- 初始积水高度:管径的 20%、32%。

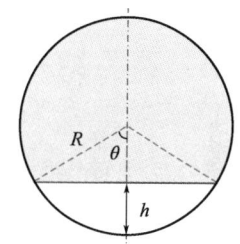

图 2.7　油水两相分布示意图

2.4.3　实验介质的物性参数

2.4.3.1　密度

实验介质柴油的密度在不同学者的研究中略有变化。介质柴油的密度可根据 GB/T 1884—2000《原油和液体石油产品密度实验室测定法(密度计法)》,采用 SY - Ⅱ型九支组石油密度计(测量范围 850 ~ 890 kg·m⁻³,分度值 0.5 kg·m⁻³)、二级标准水银温度计(分度值 0.1℃)、玻璃量筒以及恒温水浴,测量不同温度下油品的密度,通过数据拟合可得到柴油密度随温度的变化关系式。

由于实验过程中油相温度变化不大,且水相密度随温度变化较小,故将水的密度看作常数。一般取 25℃、0.1MPa 时的密度作为水的密度。

2.4.3.2　黏度

实验介质柴油的黏度在不同学者的研究中也略有变化。介质柴油的黏度可采用旋转黏度计测量不同温度下柴油的动力黏度,进而拟合得到柴油黏度随温度的变化关系。忽略温度对水的运动黏度的影响,将水的运动黏度看作常数。一般取水在 25℃、0.1MPa 时的动力黏度作为水的黏度。

2.4.3.3　油水界面张力

油水界面张力可采用铂金环法进行测量,但需注意使用界面张力仪进行测量时常需要根据用户手册对测量值进行一定修正。

2.4.3.4 油水接触角

对于油—水—固系统(图2.8)接触角的测量,SY/T 5153—2017《油藏岩石润湿性测定方法》给出了测量原理、方法、仪器以及步骤,其实验原理为,在油—水—岩石三相交界处,其表面能的平衡关系符合杨氏方程:

$$\cos\theta = \frac{\sigma_{os} - \sigma_{ws}}{\sigma_{ow}} \quad (2.2)$$

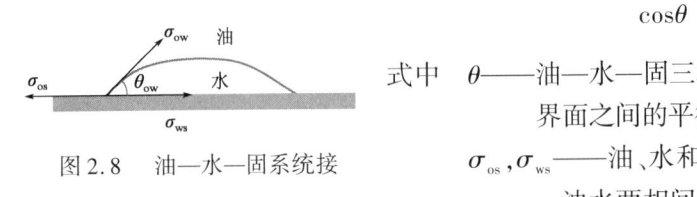

图2.8 油—水—固系统接触角示意图

式中 θ——油—水—固三相接触点处所测固体表面和油、水界面之间的平衡角,即接触角,(°);

σ_{os},σ_{ws}——油、水和固体表面间的界面张力,$N \cdot m^{-1}$;

σ_{ow}——油水两相间的界面张力,$N \cdot m^{-1}$。

2.5 实验结果

2.5.1 镀锌钢管

2.5.1.1 出水量

管道油流携水的研究最初使用钢质测试管段,测量初始状态为静止在水平管段的水在油流剪切作用下,进入上倾管段不同位置处的出水量。提出的第一个临界条件为距弯头最近(0.5m)处出水量不为零时的最小油相流量,即临界油相流量,相应的表观速度称为临界表观油速。为检验实验的可重复性,多次测量相同条件下的出水量,取多次测量结果的均方根误差(root mean square error,RMSE)为测试误差,RMSE的计算如下:

$$\text{RMSE} = \sqrt{\frac{\sum_{i=1}^{n}(V_{outi} - V_{outm})^2}{n}} \quad (2.3)$$

式中 V_{outi}——上倾管段某位置处出水量的第i次测量值,mL;

V_{outm}——多次等精度测量出水量的平均值,mL;

n——测量次数。

若取最小相对测试误差为20%,即若RMSE/V_{outm}>20%,取测试误差为RMSE;否则取测试误差为20%·V_{outm}。利用管径27mm、41mm两套实验系统对上倾管段不同出水阀位置处5min内的出水量进行测量,出水量随油相表观速度的变化分别如图2.9和图2.10所示,图2.9(a)~(d)分别为管径27mm测试系统1、2、3、4号出口测得的注水量V_w为15mL、25mL、40mL时的出水量随油相表观速度的变化;图2.10(a)~(c)分别为管径41mm测试系统2、3、4号出口测得的注水量为15mL、25mL、40mL时的出水量随油相表观速度的变化。

由图2.9和图2.10可看出,对于上倾管段上的不同位置,均存在一个最小油相流量(即临界油相流量),当且仅当油相流量大于此值时,出水量不为零;且此临界值随出水位置的距离(爬坡长度)增大而变大。若油相表观速度U_{os}超过临界值后,出水量迅速变大。另外发现,上

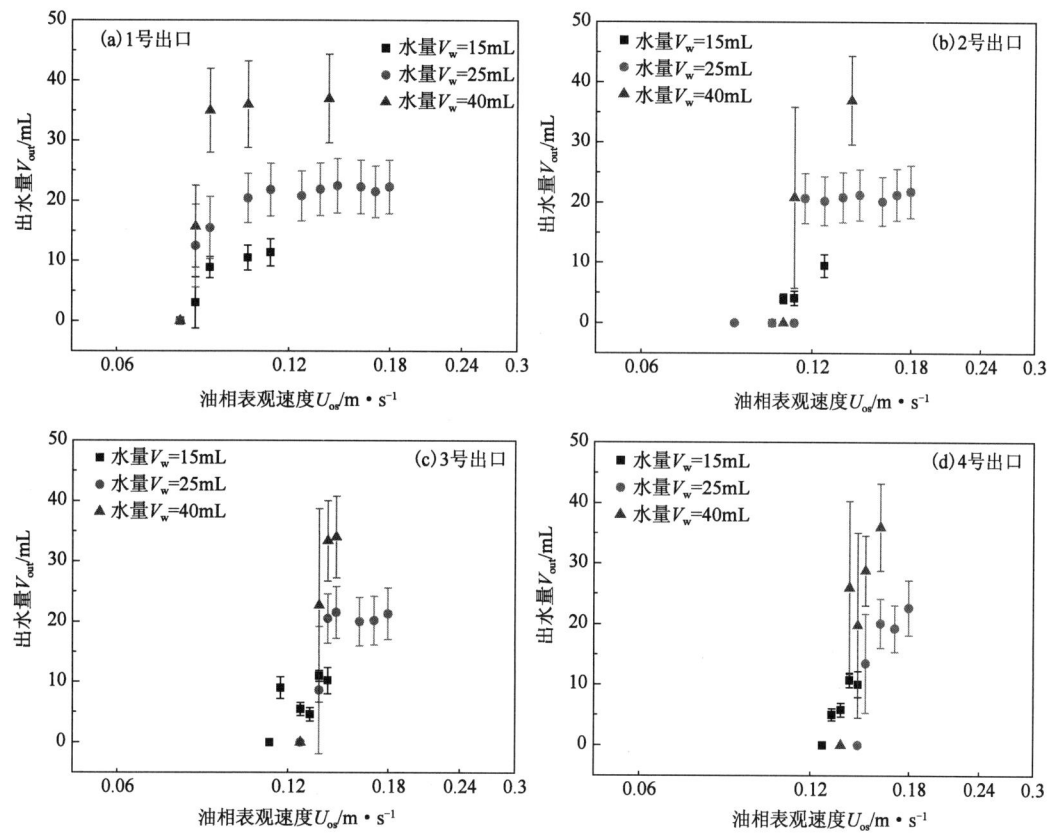

图 2.9 实测倾角 12°、管径 27mm 管路系统不同出水阀处的出水量随油相表观速度的变化

倾管段上同一位置处的临界表观油速随管径增大而增大,在实验范围内,注水量对其影响相对较小。根据实测结果,可以预测水相进入上倾管段后的平均流速(记为 U_w)。

2.5.1.2 水相平均流速

根据上述分析可知,上倾管段出水位置 l($=0.5m$、$1.5m$、$2.5m$、$3.5m$)处的临界表观油速是在 5min($t=300$ s)内的测量结果。需要指出,某出水位置处的临界表观油速为 5min 内该出水位置出水量大于零时的最小油相表观速度,也就是说积水在此油相表观速度的剪切作用下恰好能在 5min 内到达该出水位置,即水相平均流速 U_w 的计算式为 l/t,则两系统中水相平均流速与油相表观速度之间的关系如图 2.11 所示。可看出,水相平均流速随油相表观速度的增大而线性增大,即满足漂移模型,且此递增斜率取决于油水两相的速度分布,即取决于实验条件。

对于油水两相流系统,若油相为连续相,且混合流速较低时,会形成较大的水滴,两相间速度滑移明显,此时可采用漂移模型进行分析。漂移模型,也称漂移流模型,是由朱伯(Zuber)和芬德莱(Findlay)针对均相流模型、分相流模型与实际两相流动存在偏差而提出的特殊模型,适用于两相间存在速度滑移的流动系统[10]。均相流模型将两流体看成一种均匀混合的流体;分相流模型虽考虑了不同相介质和两相界面处的相互作用力,但每相的流动特性仍然是孤立

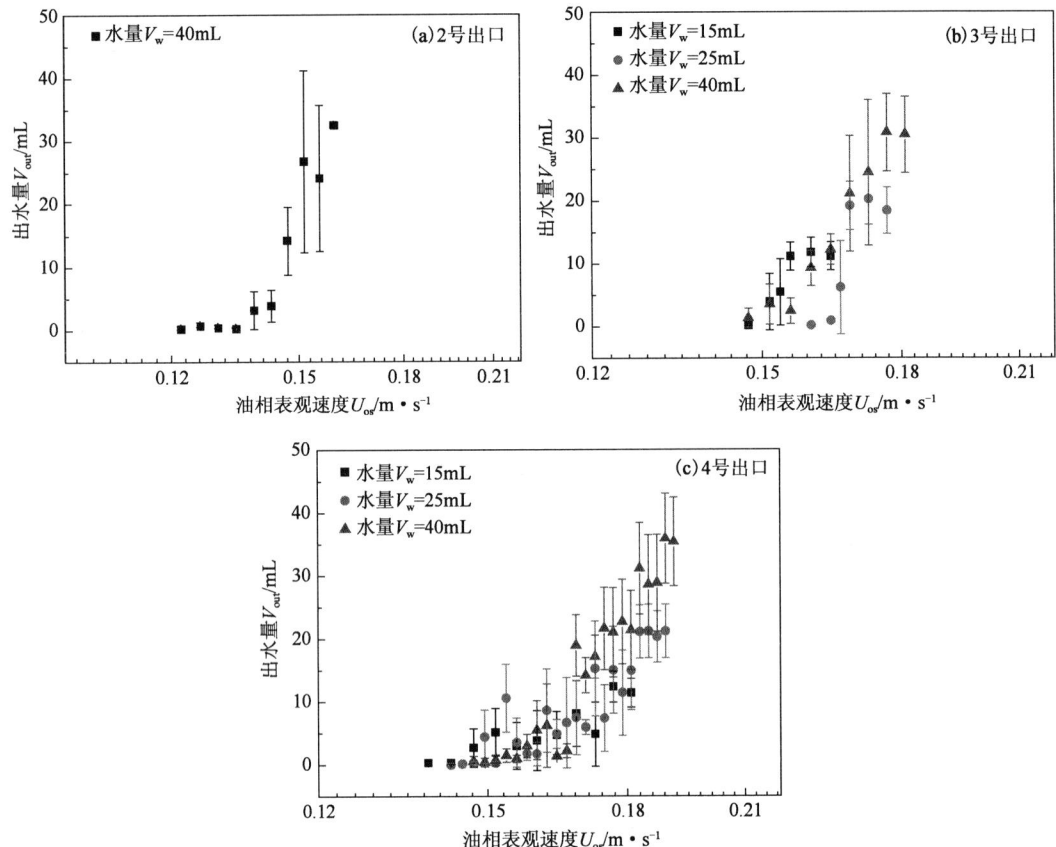

图 2.10 实测倾角 12°、管径 41mm 管路系统不同出水阀处的出水量随油相表观速度的变化

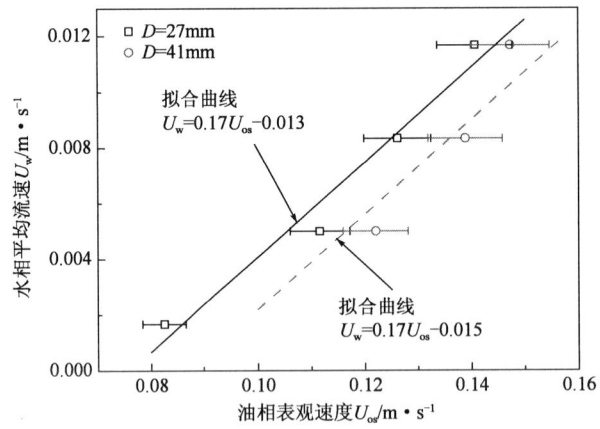

图 2.11 钢管内水相平均流速与油相表观速度的关系
(实线、虚线分别表示管径 27mm、41mm 管路系统)

的。漂移模型由某一相的质量守恒方程、两相混合的质量守恒方程、动量方程以及能量方程组成，考虑了两相间的界面传递以及在流动方向上体积相含率的不均匀性，避免了复杂的计算，具有一定优越性。

漂移模型认为两相流体以某一混合速度流动,若轻相相对于此混合速度存在漂移,则为保持两相流动的连续性,重相有反向的漂移速度。考虑了相间滑差的两相速度与两相混合速度呈线性关系[11],其比例系数为经验常数,表征两相流动形态的特性,常依赖于实验条件。若相含率与速度在断面上均匀分布时,此比例常数为1;截距即为两相的漂移速度。

管径41mm管路系统仅有3个出水阀,因此先对管径27mm管路系统进行线性拟合,然后采用相同的斜率对管径41mm管路系统进行拟合,拟合得到的决定因子(R^2)分别为0.97和0.86。若对管径41mm管路系统的三点进行拟合,得到的水相平均流速与相同斜率拟合结果的误差处于 $\pm 0.004\mathrm{m\cdot s^{-1}}$ 范围内。图2.11表明,水相平均流速与油相表观速度满足线性关系,油水两相存在速度滑移,且水相平均流速相对于油相表观速度很小。

2.5.2 有机玻璃透明管

2.5.2.1 积水分布形态

无论小管径环道还是大管径环道,均设有透明观察管段。学者们通过观察积水在油流剪切、冲刷作用下的分布特征,将油流携带作用下积水的分布形态分为两大类:分层流(界面平滑分层流、界面波动分层流)以及分散流。采用单对数坐标系,横、纵坐标轴分别为油相表观速度、水相截面含率,将观察到的积水分布形态绘制成图,如图2.12(a)~(c)分别为倾角

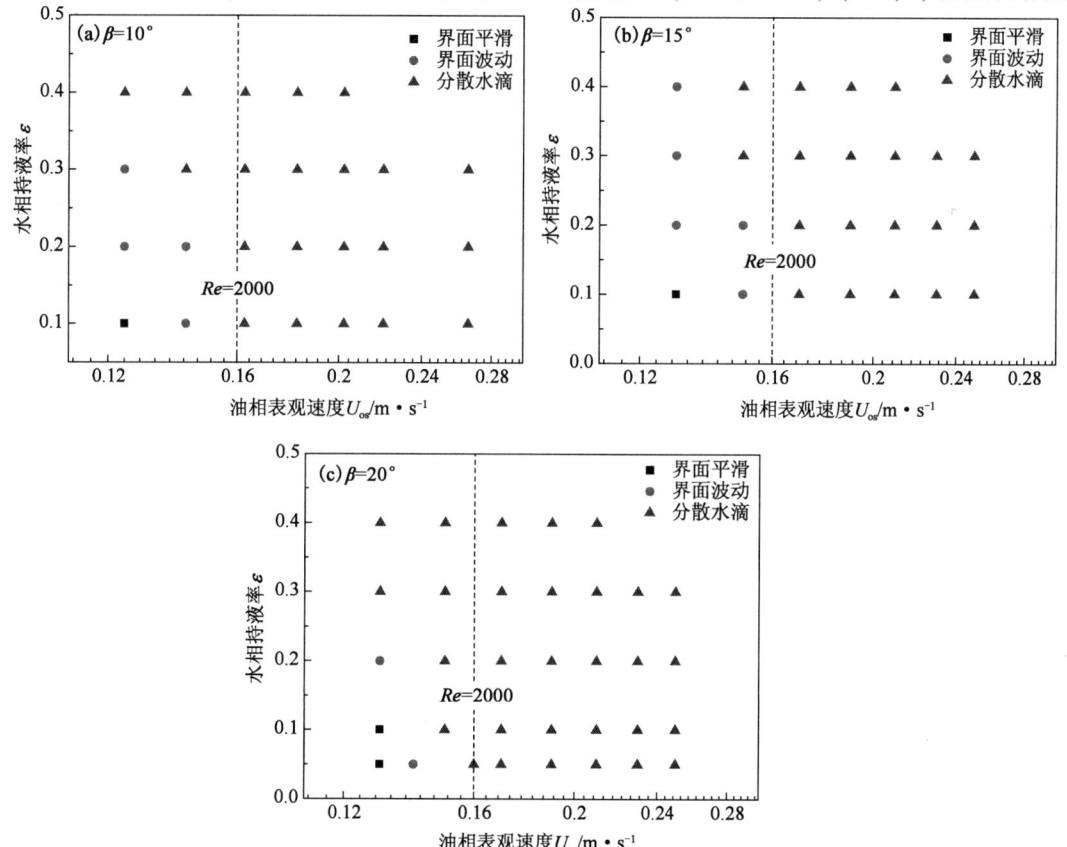

图2.12 管径50mm,倾角10°、15°、20°管段内积水分布形态图

10°、15°、20°时的积水分布形态图(有些学者称为流型图),图中虚线为油相层流—紊流分界线。研究发现,倾角不变时,水相截面含率越大,界面产生波动以及有水脱离积水主体时对应的油相表观速度均有减小趋势;水相截面含率不变时,倾角越大,临界表观油速略有减小,且其减小量随水相截面含率增大而有增大趋势。

分析油流携水系统积水的分布形态发现,积水在油流剪切作用下的分布形态共有 7 种,如图 2.13 所示。

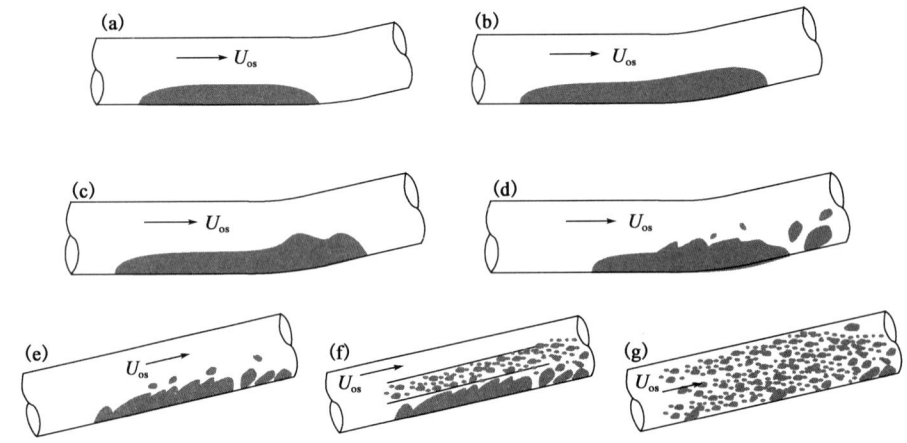

图 2.13 在油流剪切作用下,管中积水分布形态示意图

图 2.13 表明,积水在油流剪切作用下呈分层流型分布,即偏心大水滴形式存在,油相流量较小时,积水受到的剪切力无法克服其与壁面间的摩擦,积水近似平铺在地势最低的水平管段,如图 2.13(a)所示。随着油相流量增大,积水界面处受到的剪切作用增强,越靠近管壁积水受到的剪切作用越小,则上层积水的运动速度大于下层积水的运动速度,导致积水厚度在油相流动方向上呈下游大而上游小的梯度分布。同时,水平管段中积水向前移动,聚集至管道拐弯处,如图 2.13(b)所示。油相流量继续增大,积水厚度最大值增大、甚至接近管顶,积水受到剪切作用继续增强,大水滴下游界面产生波动,上游界面较平滑,如图 2.13(c)所示。若油流速度继续增大,积水继续向拐弯处聚集,进入上倾管段的积水不断增多。若剪切力足以克服壁面摩擦力、界面张力及重力,积水绝大部分进入上倾管段,积水厚度上游小而下游大,上游界面波动同时有小水团、小水滴脱离积水主体并进入油流中,并以大于积水主体的速度向前运动,下游依然聚集在拐弯处,界面相对平滑,如图 2.13(d)所示。若油速继续增大,积水可全部进入上倾管段,由于界面持续失稳,积水界面处小水滴增多,如图 2.13(e)所示,此时,有学者观察到积水上游尾部存在水滴聚结、沉降[6]。若油速继续增大,积水继续向前运动,水相仍然存在界面波动,但界面处为具有一定厚度的油水两相混合层,如图 2.13(f)所示,类似传统两相流中的三层流模型——上部为较轻的油相,中部为水滴均匀或不均匀分散在油相中的混合相,下部为较重的水相。若油速继续增加,底部水相也被打散,呈较均匀的分散流型,如图 2.13(g)所示。可见,积水分布形态在流动方向呈现多变性:上游为界面光滑分层形态,而下游界面产生波动,由于界面失稳可产生大量水团、水滴,下游最前端甚至出现水滴分散在连续油相内的分散流。

水相厚度越大,则油流的有效直径减小,油流流速增大。在水相厚度最大位置处,由伯努利效应可知,油流流速增大将使该处压力降低,在最大水相厚度周围压力作用下,水相厚度有进一步增大趋势。水相厚度增大导致积水所受剪切力也增大,积水被拉伸变长,而水相表面张力抵抗油流的剪切以维持表面能最小,同时积水所受的重力使水相厚度有减小趋势,即上述不同积水分布形态均为在重力、壁面剪切应力、界面处剪切应力以及表面张力的共同作用下形成的。

上述分布形态不仅随油速变化而依次出现,上倾倾角的改变也会使流动状态发生改变。图2.14、图2.15分别为管径100mm环道在油相表观速度$U_{os}=0.2\mathrm{m\cdot s^{-1}}$和$0.3\mathrm{m\cdot s^{-1}}$,不同上倾倾角(自上到下依次为5°、10°、20°、30°)时的同一位置处的积水分布图[12]。由图2.14可看出,当管道倾角为5°时,界面波动明显,油水两相主要为带混合层的分层流。与倾角为10°时所呈现的分布特征表现出非常大的不同,此时虽然在油水界面处有液滴形成,但油水两相分别能够形成清晰的自由水层,仍然属于分层流。但是从积水运动过程分析,两种角度下又表现出一定的相似性:一个波峰在界面形成过后,主要做滚动状运动,波幅不断的减小、消逝,直至下一个波峰的形成。而底部的水层始终保持着与油流相反的运动方向,形成回流现象。与管道倾角为10°时相似,当管道倾角增大到20°、30°后,管道中没有自由水层和自由油层的存在,水相以液滴的形式分布在整个管道中。通过肉眼观察,水滴在管道截面上的分布也更加均匀,且底部也存在回流层。管道持续运行1h,管道中的积水运动保持稳定,也就是说,$U_{os}=0.2\mathrm{m\cdot s^{-1}}$时,四种倾角工况下积水均不能够被油流携带走,主要聚集在管道的底部。

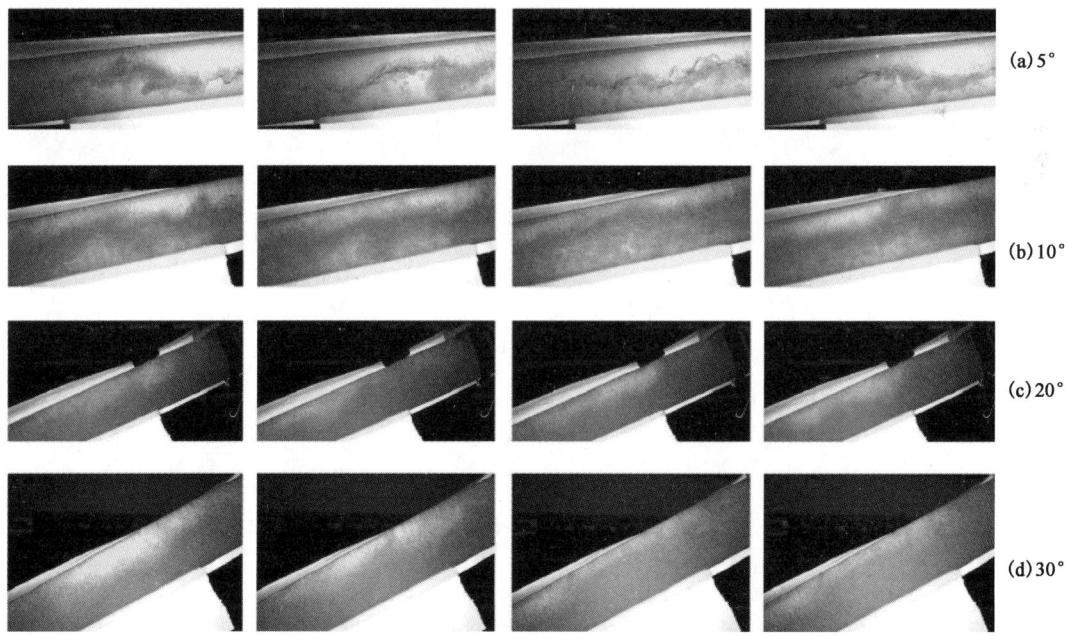

图2.14　$U_{os}=0.2\mathrm{m\cdot s^{-1}}$,上倾倾角为5°、10°、20°、30°时的积水分布图

由图2.15可看出,当管道倾角为5°时,起初管道中的积水分布与表观油速为0.2m/s时相同,为带有混合层的分层流;随着油流剪切时间的延长,管中积水逐渐减少,水层厚度逐渐减薄,油水界面处仍存在波幅较大的波浪,且以类似滚动的形式向前运动。由于表观油速的增

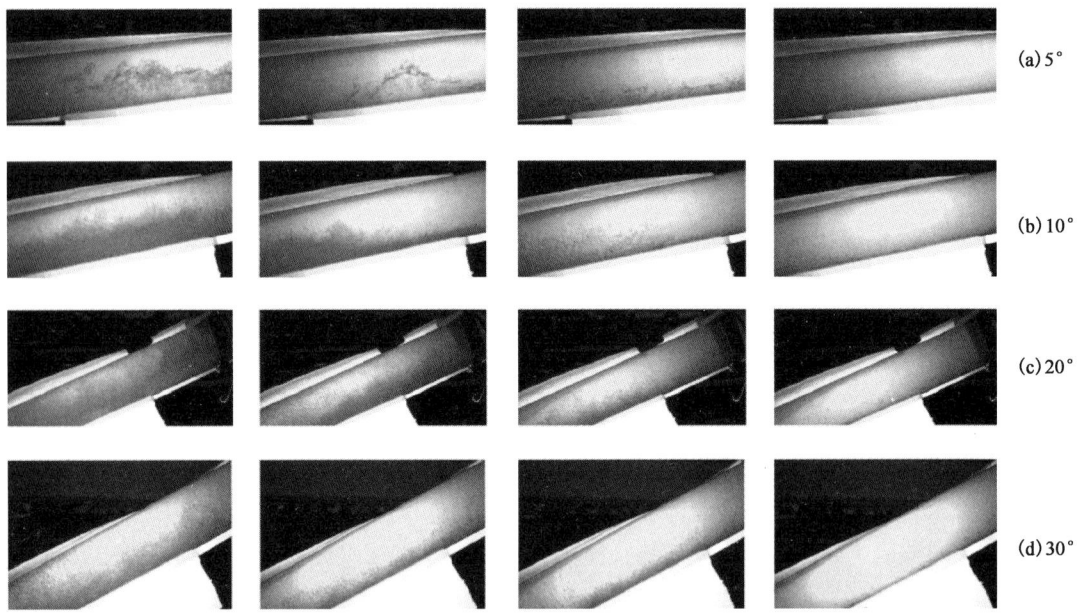

图 2.15　$U_{os}=0.3\mathrm{m\cdot s^{-1}}$，上倾倾角为 5°、10°、20°、30°时的积水分布图

大，油相携水能力增强，管道中积水的大部分被带走。与管道倾角为 10°时相似，当管道倾角增大到 20°、30°后，管道中没有自由水层和自由油层的存在，水相以液滴的形式分布在整个管道中。管道中大部分积水可以被清除，在底部透明管道中仍能观察到少量水相的存在。

2.5.2.2　油流携水临界条件

根据图 2.13 可判断油流携水的临界条件。临界条件的定义主要有两种：一是有水脱离积水主体而进入上倾管路时的表观油速，如徐广丽[13]等，称为第一临界表观油速，记为 U_{oscr1}；二是积水全部进入上倾管段时的临界表观油速，如张鑫[14]等，称为第二临界表观油速，记为 U_{oscr2}。第 2.5.1 小节中提出研究钢质管路时定义了油流携水的临界条件为积水到距离爬坡点 0.5 m 处出水量不为零时的表观油速，实际上仍为有水脱离积水主体而进入上倾管段时的表观油速。下面分别对两个临界表观油速进行分析。

（1）第一临界表观油速 U_{oscr1}。

根据图 2.9(a)可知，管径 27mm 时，初始水量 15~40mL 范围内，距爬坡点 0.5m 处出水量不为零时的表观油速均为 0.082m·s^{-1}，则积水进入上倾管路时的第一临界表观油速约为 0.08m·s^{-1}。由图 2.10(a)可知，管径 41mm、初始水量 40mL 时，距爬坡点 1.5m 处出水量不为零时的表观油速均为 0.152m·s^{-1}，则积水进入上倾管路时的第一临界表观油速约为 0.15m·s^{-1}。管径 50mm、初始截面水含率 5%、不同倾角时的第一临界表观油速见表 2.3。可以看出，第一临界表观油速在上倾倾角 10°~20°范围内变化不大。

表 2.3　管径 50mm、水含率 5%时，不同上倾倾角下的第一临界表观油速

上倾倾角/(°)	10	15	20
$U_{oscr1}/\mathrm{m\cdot s^{-1}}$	0.16	0.17	0.15

(2)第二临界表观油速 U_{oscr2}。

管径为 50mm 时,不同倾角、水相截面含率时的第二临界表观油速见表 2.4。可以看出,随管道倾角的增加,第二临界表观油速呈现增加趋势;在倾角相同条件下,第二临界表观油速随初始水相截面含率变化较小。因此,在水相体积较大的情况下,第二临界表观油速与管路中初始水相截面含率无关,Song 等[5]的模拟研究中也得到相同结论(水含率约20%)。

表 2.4　管径 50mm 时的第二临界表观油速　　　　　　　　单位:m·s^{-1}

水相截面含率/%	上倾倾角/(°)		
	10	15	20
10	0.18	0.19	0.22
20	0.18	0.20	0.23
30	0.19	0.21	0.23
40	0.19	0.20	0.23

积水只有全部进入上倾管段,才可能全部被排出管路,但能否被排出管路还取决于进入上倾管段后水相的流速。有学者[12,14]在实验中均发现,在稍大于第二临界表观油速时,水相会在靠近弯管的位置达到平衡状态,其整体的速度近似为零,不会沿管道继续向上运动。但在流场的作用下,在水相最前端会有液滴形成进入油相。

2.5.2.3　有机玻璃管内水相平均流速

通过观察发现,随油流剪切时间的延长,积水沿上倾管段不断向前爬行。为测量在油流作用下水相的平均流速,在上倾管段上做 4 处标记,其距水平管段右端点的距离分别为 0.5m、1.5m、2.5m、3.5 m。在某一临界表观油速条件下,测量积水下游头部到达该位置时所需要的时间,四个速度取平均即得到了水相的平均流速。利用图 2.3 所示装置测得的水相平均流速随油相表观速度的变化如图 2.16 所示,可看出同一表观油速下,不同水相截面含率时的水相平均流速差别不大(<0.003m·s^{-1}),且两者均近似满足线性关系,这与钢管内水相平均流速与油相表观速度的变化规律一致,即:水相与油相之间存在速度滑移,两相速度存在滑移,满足

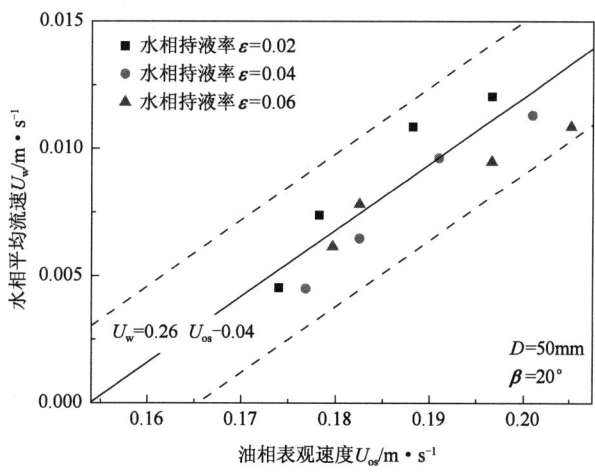

图 2.16　有机玻璃管内水相平均流速与油相表观速度的关系

漂移流模型。将三个水相截面含率时的测量结果进行平均，得到其线性关系为 $U_w = 0.26U_{os} - 0.04$（图 2.16 中实线），实测数据均处于 $\pm 0.003\mathrm{m\cdot s^{-1}}$ 范围内，如图 2.16 中虚线所示。

2.6 本章小结

本章主要介绍了起伏管路油流携水系统实验系统、实验流程、实验介质、实验参数及实验结果。主要的实验环道有两种：一是管径 50mm 以内的实验环道，称为小管径实验系统；二是管径 50mm 以上的实验环道，称为大管径实验系统。实验介质通常取 0# 柴油和自来水，也可使用模拟油和水。利用实验环道对起伏管段中低洼处积水在油流剪切作业下的运动特征进行了实验研究，发现：

（1）在油流剪切作用下，积水分布形态可以分为两大类，即分层流、分散流，具体有：界面光滑分层流、界面波动分层流、带有水滴的分层流、三层流、分散流。积水分布特征与油速、水量、上倾倾角有关。

（2）积水沿流动方向呈现出不同的流动特征：上游尾部一般为界面光滑分层流；中部常为界面波动分层流；下游头部常产生波动，波动剧烈到一定程度，形成界面处水滴层，甚至分散流。

（3）油速较小时，积水滞留在水平管段内，积水厚度沿流动方向递增，呈下游厚、上游薄的特点。随油速增大，越来越多的水进入上倾管段，增大至一定程度，积水可全部被排出实验管路（已有数据：最长 15m）。

（4）定义了第一临界表观油速和第二临界表观油速。第一临界表观油速为积水可被携带进入上倾管段的最小油速；第二临界表观油速为全部积水进入上倾管段时的最小油速。数值上，第一临界表观油速小于第二临界表观油速。

（5）第一临界表观油速随管径增大而增大，在上倾倾角 10°～20° 范围内变化不大；第二临界表观油速随上倾倾角增大而增大，在水相体积较大的情况下，与管路中初始水相截面含率无关。

（6）积水平均运动速度随表观油速增加而线性递增，即积水与油相之间存在速度滑移，两者满足漂移流模型。

参 考 文 献

[1] 徐广丽,张国忠,赵仕浩.管道低洼处积水排除实验[J].油气储运,2011,30(5):369-372,375.

[2] Guang-li Xu, Guo-zhong Zhang, Gang Liu, et al. Trapped water displacement from low section of oil pipelines [J]. International Journal of Multiphase Flow, 2011, 37(1): 1-11.

[3] 许道振,张国忠,赵仕浩.积水在成品油管道中的运动状态[J].油气储运,2012,31(2):131-134.

[4] Guangli Xu, Liangxue Cai, Amos Ullmann, et al. Experiments and simulation of water displacement from lower sections of oil pipelines [J]. Journal of Petroleum Science and Engineering, 2016, 147(11): 829-842.

[5] Xiaoqin Song, Yuexin Yang, Tao Zhang, et al. Studies on water carrying of diesel oil in upward inclined pipes with different inclination angle[J]. Journal of Petroleum Science and Engineering, 2017, 157: 780-792.

[6] 许道振,张国忠,SRDJAN Nesic,等.积水在上倾输油管中运动状态研究[J].中国石油大学学报(自然科学版),2012,36(6):147-152.

［7］ Lovick J, Angeli P. Experimental studies on the dual continuous flow pattern in oil – water flows［J］. International Journal of Multiphase Flow, 2004, 30(1): 139 – 157.

［8］ Talal Al – Wahaibi, Angeli P. Experimental study on interfacial waves in stratified horizontal oil – water flow［J］. International Journal of Multiphase Flow, 2011, 37(5): 930 – 940.

［9］ Tshuva M, Barnea D, Taitel Y. Two – phase flow in inclined parallel pipes［J］. International Journal of Multiphase Flow, 1999, 25(10): 1491 – 1503.

［10］ 陈家琅. 石油气液两相管流［M］. 北京: 石油工业出版社, 1989.

［11］ Rivera R M, Golan M, Friedemann J D, et al. Water separation from wellstream in inclines separation tube with distributed tapping［J］. 2006, SPE102722.

［12］ 许道振. 成品油管道中积液运动特性研究［D］. 青岛: 中国石油大学（华东）, 2013.

［13］ 徐广丽. 成品油管道油流携水机理研究［D］. 青岛: 中国石油大学（华东）, 2011.

［14］ 张鑫. 成品油管道携水机理数值模拟研究［D］. 青岛: 中国石油大学（华东）, 2011.

第3章 水平管段内油流携水理论分析

因地形起伏管道由水平、上倾不同倾角的管路组成,难以对其直接建模进行理论分析。因此,将起伏管段分为水平管段、上倾管段分别进行理论分析。对于水平管段内油流携带积水问题,可从如下三种机理进行分析:

(1)油水界面不稳定,产生可被油流携带的水滴,即油水界面稳定性模型;
(2)形成水塞,被油流推着向前运动,即水塞模型;
(3)水相被打散成水滴进入油流,形成油包水型的分散流,即分散流模型。

其中,油水界面稳定性模型和分散流模型均为借鉴传统两相流的研究方法对油流携水问题进行分析;水塞模型为针对油流携水局部两相流系统提出的、用于分析油流剪切作用下积水的水相厚度分布的一种模型。为确定水平管段内油流携水的流动特性,分别按照上述三种模型对第一临界表观油速(有水进入上倾管段时的最小表观油速)进行预测,通过与实测值比较确定其作用机理。

3.1 油水界面稳定性模型

3.1.1 界面稳定性准则

分析油水两相分层流界面稳定性的两种线性稳定性方法为[1-2]:开尔文—亥姆霍兹(Kelvin - Helmholtz)长波分析法(简称KH线性稳定性准则),以及结构稳定性(structure stability)分析法[3],其中前者通过在界面处引入扰动来分析界面是否稳定;后者考察稳态、充分发展的两相分层流的多个持液率是否满足结构稳定,即先确定具有物理意义的持液率的解,然后再利用KH线性稳定性准则来判断界面稳定性。结合KH线性稳定性准则以及结构稳定性分析,Brauner等[4]提出了中性稳定性准则。

3.1.1.1 KH线性稳定性准则

KH线性稳定性准则是在分析气液两相分层流界面稳定性时提出的。通过分析气液两相的连续性方程、动量方程,利用界面剪切应力、气液两相与壁面间的剪切应力以及各几何参数的关系式,并在界面处引入扰动,采用线性稳定性分析方法分析了气液两相分层流型稳定性的判断准则:

$$(C_v - C_{iv})^2 + \frac{\rho_L \rho_G}{\rho^2 R_G R_L}(\overline{U}_L - \overline{U}_G)^2 - \frac{(\rho_L - \rho_G)g\cos\beta A}{\rho S_i} - \frac{\sigma A m^2}{\rho S_i} < 0 \qquad (3.1)$$

其中

$$C_{iv} = \frac{\rho_L \overline{U}_L \overline{R}_L + \rho_G \overline{U}_G \overline{R}_G}{\rho_L \overline{R}_G + \rho_G \overline{R}_L}; \quad \rho = \frac{\rho_L}{R_L} + \frac{\rho_G}{R_G}; \quad m = 2\pi/\lambda$$

式中,下标 L、G 分别表示液、气两相;上标¯表示物理量的稳定值(线性稳定性分析中,假设液相厚度与两相速度均由稳定部分以及波动部分组成);C_v 为界面不稳定时最小的界面波传播速度,m·s^{-1};C_{iv} 为临界界面波速,m·s^{-1};R_L、R_G 分别表示液、气两相的相含率;σ 为界面张力,N·m^{-1};A 为管道横截面积,m^2;m 为界面波的波数,m^{-1};λ 为界面波波长,m。

当式(3.1)不成立时,分层流变得不再稳定,发生向其他流型的转变。

3.1.1.2 结构稳定性分析法

对于稳态、充分发展的两相分层流,有时求得满足工况的持液率为多个,这一现象已被多个学者证实[5-8],究竟哪个持液率真正具有物理意义成了问题的关键。针对这一问题,Barnea 等[3]提出了稳态气液两相分层流的结构稳定性分析法。此方法假设两相分层流界面光滑,不产生波动,且在流动方向上液相厚度相同。随入口持液率增大,管道内流型不发生变化,仅有液相厚度随之增大,分析两相的连续性方程以及动量方程,可得到稳态时两相分层流型结构稳定性的判断准则。

实际求解时,已知两相的物性参数、运动参数后,其余参数均为液相厚度的函数,求得稳态时持液率的解后,代入结构稳定性判断准则确定具有物理意义的解,最后将其代入界面波动稳定性判断准则(即 KH 线性稳定性准则)。

3.1.1.3 中性稳定性准则

20 世纪 90 年代,Brauner 等[4,9-11]在图 3.1 所示的流动系统中,通过分析油水两相的连续性方程以及动量方程,得到了判断油水两相分层流型界面是否存在波动的中性稳定性准则,即式(3.2)。同时提出了实特征解(zero real characteristics,ZRC)区域和中性稳定解(zero neutral stability,ZNS)区域两个概念,认为在实特征解区域之外,会发生分层流型向其他流型的转变;若在实特征解区域之内,则说明流动可保持为分层流。若在中性稳定解区域内,所有界面扰动均会随时间、空间的发展而逐渐衰减,即为平滑分层流;若超出中性稳定解区域但仍处于实特征解区域,则界面波动会随时间逐渐增加,即为波状分层流。

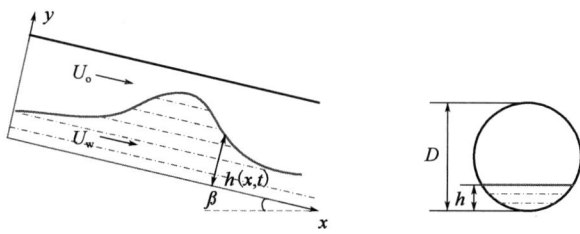

图 3.1 界面存在扰动的油水两相分布示意图

中性稳定性准则如下

$$\left(\frac{A'_w}{A_w}\rho_w + \frac{A'_w}{A_o}\rho_o\right)C_1^2 - 2\left(\frac{A'_w}{A_w}\rho_w \overline{U}_w \gamma_w + \frac{A'_w}{A_o}\rho_o \overline{U}_o \gamma_o\right)C_1 + \frac{A'_w}{A_w}\rho_w \gamma_w \overline{U}_w^2$$
$$+ \frac{A'_w}{A_o}\rho_o \gamma_o \overline{U}_o^2 - [(\rho_w - \rho_o)g\cos\beta + \sigma m^2] < 0 \tag{3.2}$$

其中
$$\gamma_o = \frac{1}{A_o U_o^2}\int_0^{A_o} U_{po}^2 \mathrm{d}A_o$$
$$\gamma_w = \frac{1}{A_w U_w^2}\int_0^{A_w} U_{pw}^2 \mathrm{d}A_w \tag{3.3}$$

式中 C_1——界面波传播速度,m·s^{-1};

上标 $'$,$^{-}$——一阶导数和两相速度的稳定值;

γ_o,γ_w——两相速度分布的形状因子;

U_{po},U_{pw}——油水两相的局部速度,m·s^{-1}。单相流动时,若管路截面上各点的流速相等(紊流),则 γ 为1;若速度分布满足抛物线(层流),管流时 γ 为4/3,平板流时 γ 为2.13。

式(3.3)中包含油水两相惯性项、重力项以及界面项,Brauner 等在[12-13]分析气液两相稳定性时,根据式(3.3)得到了光滑分层流和波动分层流的理论分界线(ZNS 曲线),通过与实验数据对比发现,ZNS 曲线过大地预测了光滑分层流的范围。因此,Brauner 等在式(3.3)左边引入了考虑波动界面"记忆效应"这一克服界面稳定的附加项,不过此项依赖于经验参数 C_h。同时作者还指出,若液相厚度 $h/D \geq 0.5$,对于大管径或小黏度比管路系统,此附加项可忽略;若液相厚度 < 0.5,此附加项可能影响较大。

3.1.2 油水界面稳定性分析

一定量(记为 V_w)的水注入水平管段后,若水相沿水平管段(长度 L)平铺,则其平均厚度(记为 h_{av})可根据水相体积和管段长度求出:

$$A_w = V_w/L = D^2[\theta_0 - \sin(2\theta_0)/2]/4 \tag{3.4}$$

其中 $\theta_0 = \arccos(1 - 2h_{av}/D)$

式中 θ_0——水相流通面积对应的圆周角,rad;

D——管径,m。

Brauner 等[4]采用线性稳定性分析方法分析了液液两相分层流的稳定性,得到了中性稳定性准则。当 $U_o \gg U_w$(即 $U_w \approx 0$)时,忽略水相动量方程及界面张力项(相对油相惯性项很小),根据中性稳定解的条件,即开尔文—亥姆霍兹长波稳定性条件,油水两相保持光滑分层流的判定准则可简化为

$$U_{os} \leq \sqrt{\frac{C(\rho_w - \rho_o)g\cos\beta A_o^3}{\pi^2 D^4 \rho_o \mathrm{d}A_w/\mathrm{d}h}} \tag{3.5}$$

式中 C——取决于油相速度分布(即油相速度分布形状因子 γ_o)的常数,对于紊流,$\gamma_o \approx 1$,$C = 16$,对于层流,满足泊肃叶(Poiseuille)分布,$\gamma_o \approx 4/3$,$C = 12$;

β——管路倾角,(°);
A_o,A_w——油水两相的流通面积,m^2;
h——水相厚度,m;
ρ——密度,$kg \cdot m^{-3}$;
下标 w,o——水相和油相。

3.1.2.1 不同常数 C 对判定准则的影响

由判定准则式(3.5)可知,光滑分层流对应的临界表观油速与 C 的开方成正比。若分别取紊流和层流时的经验常数 C,以管径 27mm 管路系统为例,取油水两相密度分别为 855.83 $kg \cdot m^{-3}$、997.04 $kg \cdot m^{-3}$(25℃时的密度)时的临界表观油速随水相厚度的变化曲线如图 3.2 所示。

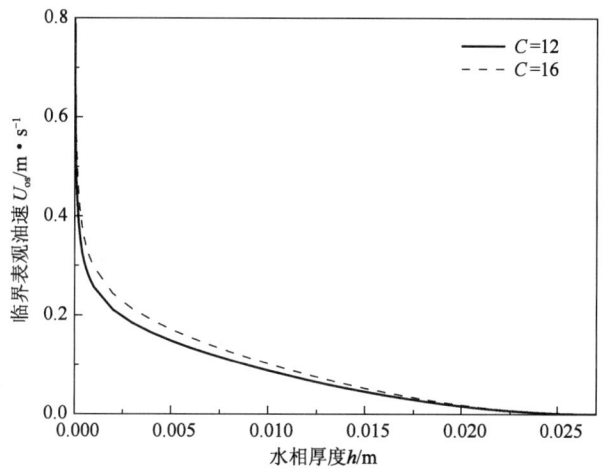

图 3.2 管径 27mm 水平管段中,不同 C 时光滑分层流的临界表观油速随水相厚度的变化

由图 3.2 看出,不同常数 C(即油相速度分布形状因子 γ_o)对临界表观油速的影响不大。因实验范围内,油相流动均为层流,取层流流动时的经验常数 $C=12$,则油水两相保持光滑分层流的判定准则:

$$U_{os} \leqslant \sqrt{\frac{3(\rho_w - \rho_o)gD[\pi - \theta_0 + \sin 2\theta_0/2]^3}{16\pi^2 \rho_o \sin\theta_0}} \tag{3.6}$$

若已知油相表观速度 U_{os},由式(3.6)根据油水两相密度、管径可求得对应此 U_{os} 时分层流保持界面光滑的最大水相厚度(记为临界水相厚度,h_s)。不同管径以及两相密度时,分层流可保持界面光滑的最大水相厚度 $\tilde{h}_s$ 随油相表观速度的变化分别如图 3.3(a)、(b)所示,其中 $\tilde{h}_s = h_s/D$,图 3.3(b)中,三组密度参数分别对应温度 5℃、15℃、25℃时的两相密度。可看出,$\tilde{h}_s$ 随油相表观速度增大而减小;U_{os} 不变时,$\tilde{h}_s$ 随管径的增大以及油水两相密度的减小(温度升高导致)而增大。将 h_s 与式(3.4)求得的 h_{av} 进行比较,若 $h_{av} > h_s$,则界面不稳定;反之,界面稳定。

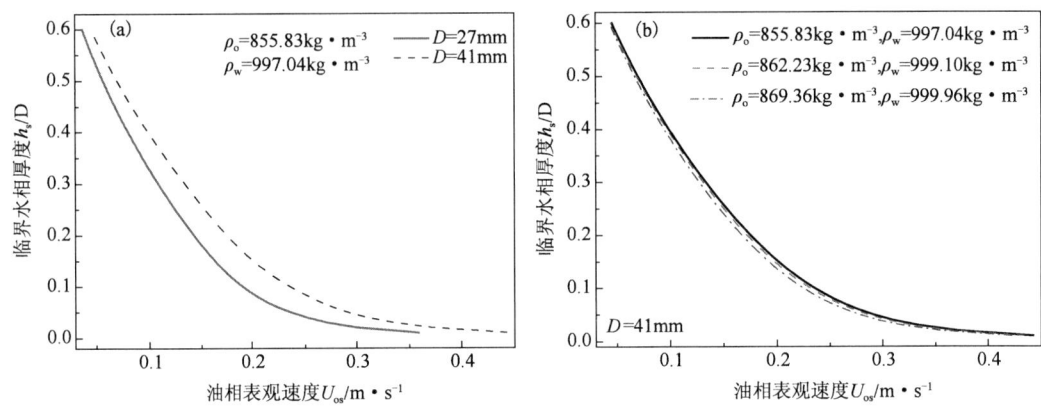

图 3.3 不同管径、密度时,光滑分层流的临界水相厚度 $\tilde{h}_s$ 随油相表观速度的变化

3.1.2.2 稳定性分析与实测数据比较

根据式(3.4)求解不同水量 V_w 时两管路系统中水相流通面积对应的圆周角 θ_0,将 θ_0、两相密度及管径等参数代入式(3.6),可求得不同管路系统中不同初始水量时的临界表观油速,见表 3.1。

表 3.1 两管径系统 $C=12$ 时的临界表观油速

D/mm	U_{os}/m·s^{-1}		
	$V_w = 40$mL	$V_w = 25$mL	$V_w = 15$mL
27	0.14	0.17	0.19
41	0.23	0.25	0.28

将此预测临界值与第一临界表观油速实测结果进行比较,如图 3.4 所示,可看出,临界表观油速的预测值远大于实测值。这就意味着,假设水相沿水平管段平铺时的油水界面稳定性机理过大地预测了油流携水时的临界表观油速,不适于分析其流动特性。

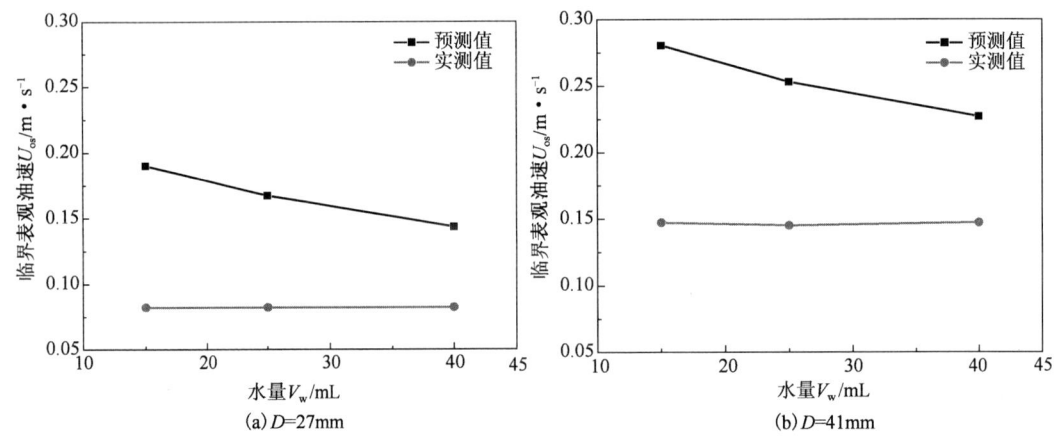

图 3.4 油水界面稳定性机理预测的临界表观油速与实测值的比较

3.2 水塞模型

管段中的积水在层流流态的油流剪切作用下向前运动,界面处受到的剪切作用最大,越靠近壁面剪切作用越小,直至管壁处速度为零(假设壁面无滑移),则水相厚度会沿流动方向呈梯度分布,如图 3.5 所示,W 为管壁,A 为初始界面,B 为在油流剪切作用下的界面。

本节首先对水平管段中在油流冲刷作用下水相厚度的分布进行分析,发现油相流量较大时能形成充满管道横截面的水塞,故称这一模型为水塞模型。利用水塞模型分析了形成水塞的临界条件,同时预测进入上倾管段的最大水量,并与实测出水量进行了比较,验证了水塞模型的合理性。水塞进入上倾管段后的水可能重新分布,此分布决定了水相在上倾管段的运动速度,也决定了在测量时间 5min 内到达上倾管段上某出水位置处的出水量。水塞进入上倾管段后的分布特征将在第 4 章中进行阐述。

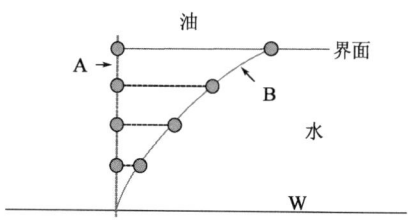

图 3.5 水平管段内积水在油流剪切作用下的界面分布示意图

3.2.1 水平管段水相厚度分布

3.2.1.1 水相厚度分布方程

在图 3.6 所示的坐标系中,油相流动方向为 x,忽略瞬态过程,假设流动充分发展,根据两相在流动方向上的动量方程:

$$\rho_w A_w U_w \frac{dU_w}{dx} = -\tau_w S_w + \tau_i S_i - A_w \frac{dp_w}{dx} + (p_{iw} - p_w) \cdot \frac{dA_w}{dx} \tag{3.7}$$

$$\rho_o A_o U_o \frac{dU_o}{dx} = -\tau_o S_o - \tau_i S_i - A_o \frac{dp_o}{dx} + (p_{io} - p_o) \cdot \frac{dA_o}{dx} \tag{3.8}$$

式中 p_{io}, p_{iw} ——油水两相界面处的压强,$N \cdot m^{-2}$;
p_o, p_w ——油水两相内的压强,$N \cdot m^{-2}$。

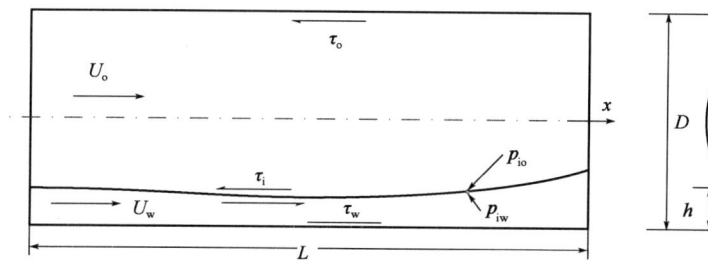
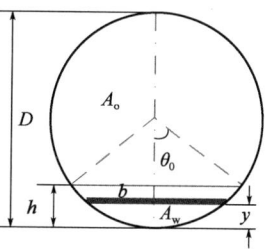

图 3.6 水平管段油水两相分布示意图

对水相的动量方程式(3.7)右边最后两项进行分析:

$$-A_w \frac{dp_w}{dx} + (p_{iw} - p_w) \cdot \frac{dA_w}{dx} = p_{iw} \frac{dA_w}{dx} - \frac{d(A_w p_w)}{dx} \tag{3.9}$$

同时

$$p_w A_w = \int_0^h [p_{iw} + \rho_w g(h-y)] b \, dy \tag{3.10}$$

式中 b——水相内部某一截面处的水相宽度，m；

y——截面位置坐标，m。

对式(3.10)求导：

$$\frac{d(p_w A_w)}{dx} = \frac{d(p_{iw} A_w)}{dx} + \frac{d}{dx}\int_0^h \rho_w g(h-y) b \, dy \tag{3.11}$$

根据莱布尼兹(Leibnitz)法则：

$$\frac{d}{dx}\int_{y_1(x)}^{y_2(x)} F(x,y) \, dy = \frac{dy_2}{dx} F(x,y_2) - \frac{dy_1}{dx} F(x,y_1) + \int_{y_1(x)}^{y_2(x)} \frac{dF}{dx} dy \tag{3.12}$$

则

$$\frac{d(p_w A_w)}{dx} = \frac{d(p_{iw} A_w)}{dx} + \int_0^h \rho_w g b \frac{dh}{dx} dy = \frac{d(p_{iw} A_w)}{dx} + \rho_w g A_w \frac{dh}{dx} \tag{3.13}$$

则水相的动量方程可简化为

$$\rho_w A_w U_w \frac{dU_w}{dx} = -\tau_w S_w + \tau_i S_i - A_w \frac{dp_{iw}}{dx} - \rho_w g A_w \frac{dh}{dx} \tag{3.14}$$

同理可以得到油相的动量方程为

$$\rho_o A_o U_o \frac{dU_o}{dx} = -\tau_o S_o - \tau_i S_i - A_o \frac{dp_{io}}{dx} - \rho_o g A_o \frac{dh}{dx} \tag{3.15}$$

因水相在油相的剪切作用下运动，水相速度很小($U_w \approx 0$)，则水相与壁面间的剪切应力约等于0，式(3.15)除以 A_o 减去式(3.14)除以 A_w，整理得

$$\rho_o U_o \frac{dU_o}{dx} = -\frac{\tau_o S_o}{A_o} - \frac{\tau_i S_i}{A_o} - \frac{\tau_i S_i}{A_w} - \frac{d(p_{io} - p_{iw})}{dx} + (\rho_w - \rho_o) g \frac{dh}{dx} \tag{3.16}$$

由杨氏—拉普拉斯(Young-Laplace)方程：

$$p_{io} - p_{iw} \cong \sigma \frac{d^2 h}{dx^2} \tag{3.17}$$

将式(3.17)代入式(3.16)，并忽略高阶项，得

$$\rho_o U_o \frac{dU_o}{dx} = -\frac{\tau_o S_o}{A_o} - \frac{\tau_i S_i}{A_o} - \frac{\tau_i S_i}{A_w} + (\rho_w - \rho_o) g \frac{dh}{dx} \tag{3.18}$$

根据连续性方程，油相速度 U_o 与流量 Q_o 的关系为

$$U_o A_o = Q_o = U_{os} A \tag{3.19}$$

将油相速度 U_o 对 x 求导，得

$$\frac{dU_o}{dx} = Q_o \frac{d}{dx}\left(\frac{1}{A_o}\right) = U_o A_o \frac{d}{dh}\left(\frac{1}{A_o}\right) \frac{dh}{dx} \tag{3.20}$$

将式(3.20)代入式(3.18),整理得水平管段内水相厚度在流动方向上的分布公式,将其无量纲化(长度除以直径,面积除以直径的平方),得

$$\frac{\mathrm{d}\tilde{h}}{\mathrm{d}\tilde{x}} = \left[\frac{\tau_o \tilde{S}_o}{\tilde{A}_o} + \tau_i \tilde{S}_i \left(\frac{1}{\tilde{A}_o} + \frac{1}{\tilde{A}_w}\right)\right] \bigg/ \left[\rho_o \frac{U_o^2}{\tilde{A}_o} \frac{\mathrm{d}\tilde{A}_o}{\mathrm{d}\tilde{h}} + (\rho_w - \rho_o)Dg\right] \tag{3.21}$$

3.2.1.2 几何参数及运动参数

在图 3.6 所示的水平管段中,油相的流通面积、湿周,水相流通面积,界面湿周以及油相的水力直径等几何参数计算式[14-16]如下:

$$\begin{cases} \theta_o = \arccos(1 - 2\tilde{h}) \\ \tilde{S}_o = \pi - \theta_0 \\ \tilde{S}_i = \sin\theta_0 \\ \tilde{A}_o = \frac{1}{4}[\pi - \theta_0 + \sin(2\theta_0)/2] \\ \tilde{A}_w = \frac{1}{4}[\theta_0 - \sin(2\theta_0)/2] \\ \mathrm{d}\tilde{A}_o/\mathrm{d}\tilde{h} = -\sin\theta_0 \\ \tilde{D}_o = \frac{4\tilde{A}_o}{\tilde{S}_i + \tilde{S}_o} \end{cases} \tag{3.22}$$

若 $U_o \gg U_w$,则 $\tau_i \approx \tau_o$,油相雷诺数、摩阻系数以及剪切应力等运动参数如下:

$$\begin{cases} \tau_o = \tau_i = \frac{1}{2}\rho_o f_o |U_o| U_o \\ f_o = c_o Re_o^{n_o} \\ Re_o = \frac{\rho_o |U_o| D_o}{\mu_o} \end{cases} \tag{3.23}$$

式中,c_o、n_o 为取决于流动状态的常数:层流时,$c_o = 16$、$n_o = -1$;紊流时,$c_o = 0.046$、$n_o = -0.2$。

通过对式(3.21)进行数值积分,结合式(3.19)、式(3.23)以及式(3.22)和物性参数就可得到水平管段内的水相厚度分布。

3.2.1.3 临界水相厚度

由水相厚度分布计算公式(3.21)分析,其分母为油相惯性项与两相重力项之和,两者一负一正,因此存在一个水相厚度满足两者之和等于0,称此水相厚度为临界水相厚度(记为 h_{cr})。若水相厚度等于临界水相厚度,则 $\mathrm{d}\tilde{h}/\mathrm{d}\tilde{x} \to \infty$,水相厚度会迅速增大至管段顶部,形成水塞。

若将油相的流通面积 $\tilde{A}_o$ 及其导数 $d\tilde{A}_o/d\tilde{h}$ 代入式(3.21)右侧的分母中,并令其等于零,则临界水相厚度的求解式为

$$\frac{4\pi^2 U_{os}^2 \cdot \sin[\arccos(1-2\tilde{h}_{cr})]}{\left\{\pi - \arccos(1-2\tilde{h}_{cr}) + \frac{1}{2}\sin[2\arccos(1-2\tilde{h}_{cr})]\right\}^3} = \frac{(\rho_w - \rho_o)Dg}{\rho_o} \quad (3.24)$$

已知管径和油水两相物性参数后,临界水相厚度仅取决于表观油速。图3.7为不同管径时的临界水相截面含率(水相厚度等于临界值时对应的水相截面含率)随表观油速的变化。可看出,临界水相截面含率随表观油速的增大而减小,随管径的增大而增大,也就是说,其他条件相同时,表观油速越大,临界水相厚度越小、越易形成水塞;管径越小,临界水相厚度也越小、越易形成水塞。

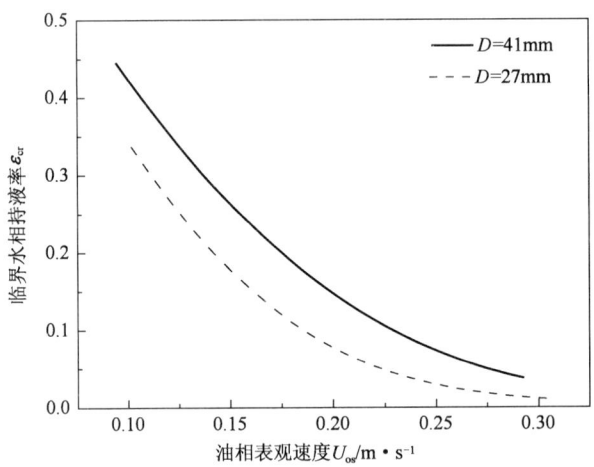

图3.7 油相表观速度与临界水相截面含率之间的关系

3.2.1.4 初始水相厚度

若初始水相厚度(记为 h_0)大于零,则可直接进行数值积分;若初始水相厚度等于零,则水相厚度变化梯度 dh/dx 趋于无穷大,无法进行数值积分。为顺利地对式(3.21)进行积分,将 h_0 趋于零的这部分单独分析。若 $h_0 \to 0$,式(3.21)可化简为

$$\frac{d\tilde{h}}{d\tilde{x}} = \frac{\tau_{os}\tilde{S}_i}{\tilde{A}_w \Delta\rho g D} \quad (3.25)$$

式中 τ_{os}——油相满管流动时与管壁间的剪切应力,$N \cdot m^{-2}$。

若 $\tilde{h}_0 \to 0$,$\theta_0 \to 0$,则 $\tilde{S}_i \to 0$、$\tilde{A}_w \to 0$,即式(3.25)分子、分母都趋于零,因此,水相厚度初始值将由 $\tilde{h}_0 = 0$ 增至较小的非零水相厚度(记为 $\tilde{h}_{N0}$)。当 $\tilde{h} \to 0$ 时,采用泰勒(Taylor)展开公式得 $\tilde{A}_w$、$\tilde{h}$、$\tilde{S}_i$ 分别为

$$\begin{cases} \tilde{A}_w = \theta_0^3/6 \\ \tilde{h} = \theta_0^2/4 \\ \tilde{S}_i = \theta_0 \end{cases} \tag{3.26}$$

将式(3.26)代入式(3.25),得

$$\frac{d\tilde{h}}{d\tilde{x}} = \frac{3\tau_{os}}{2\Delta\rho g D \tilde{h}} \tag{3.27}$$

对式(3.27)进行积分,得

$$\int_0^h h \, dh = \frac{3\tau_{os}}{2\Delta\rho g}\int_0^x dx \Rightarrow h^2 = \frac{3\tau_{os}}{\Delta\rho g}x \tag{3.28}$$

此时,数值积分的非零边界条件取 $\tilde{h}_{N0}$,根据式(3.28)得 $\tilde{h}_{N0} = \sqrt{\frac{3\tau_{os}}{\Delta\rho g D}\tilde{x}_{N0}}$ (对应流动方向上位置 $\tilde{x} = \tilde{x}_{N0}$)。相应的水相体积 V_{N0} 为

$$V_{N0} = \frac{2}{21}\left(\frac{48D^3 \tau_{os}}{\Delta\rho g}\right)^{3/4} \tilde{x}_{N0}^{7/4} \tag{3.29}$$

3.2.1.5 数值计算

通过对式(3.21)进行数值积分,结合油相连续性方程、运动参数、几何参数以及物性参数就可得到水平管段内的水相厚度分布。对式(3.21)积分需已知水相厚度的初始值 $\tilde{h}_0$,且需保证在 $\tilde{h} = \tilde{h}_{cr}$,即分母趋于零,$d\tilde{h}/d\tilde{x} \to \infty$ 时数值积分能顺利进行,因此取积分上、下限分别为 $\tilde{h}_{cr}$、$\tilde{h}_0$。水相厚度 $\tilde{h} \geqslant \tilde{h}_{cr}$ 后,形成水塞。根据注入测试管段中的水量以及油相流量,可能出现如下四种情况:

(1) $\int_0^L A_w(h) \, dx = V_w$,同时 $\tilde{h}_0 > 0$,$\tilde{h}\big|_{x=L} < \tilde{h}_{cr}$。

油相流量很小,水相厚度在油相流动方向上呈梯度分布,水相与整个水平管段接触,$L_{dry} = 0$,不形成水塞,如图3.8(a)所示。

(2) $\int_0^{L_1} A_w(h) \, dx = V_w$,同时 $L_1 < L$,$\tilde{h}_0 = 0$,$\tilde{h}\big|_{x=L_1} < \tilde{h}_{cr}$。

水相在油流剪切作用下聚集到下游拐弯处,水平管段上游出现无水段,长度为 $L_{dry} = L - L_1$,不形成水塞,如图3.8(b)所示。

(3) $\int_0^{L_1} A_w(h) \, dx = V_{L_1} < V_w$,同时 $L_1 < L$,$\tilde{h}_0 = 0$,$\tilde{h}\big|_{x=L_1} = \tilde{h}_{cr}$。

水相在油流剪切作用下聚集到水平管段下游拐弯处,$V_{L_1} < V_w$ 且 $\tilde{h}\big|_{x=L_1} = \tilde{h}_{cr}$,形成水塞,其体积等于 $V_w - V_{L_1}$,长度为 $L_2 = (V_w - V_{L_1})/A$,此时无水段长度为 $L_{dry} = L - L_1 - L_2$,如

图 3.8(c)所示。

(4) $\int_0^{L_1} A_w(h) dx = V_{L_1} < V_w$,同时 $L_1 + L_2 = L$,$\tilde{h}_0 \geq 0$,$\tilde{h}\big|_{x=L_1} = \tilde{h}_{cr}$。

若水相截面含率很高,水相与整个水平管段接触,并形成水塞。若假设 $\tilde{h}_0 = 0$,计算得到 $L_1 + L_2 \geq L$。若水塞尾长度 L_1 与水塞厚度 L_2 之和满足 $L_1 + L_2 > L$,则需对初始水相厚度 $\tilde{h}_0$ 进行迭代计算,直到 $\tilde{h}_0$ 同时满足长度条件以及水相体积条件,$L_1 + L_2 = L$ 以及 $V_{L_1} + (\pi D^2/4) L_2 = V_w$,如图 3.8(d)所示。

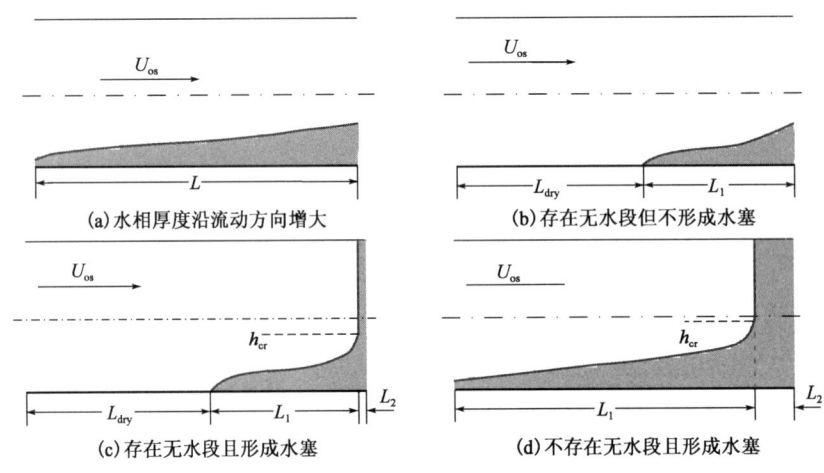

图 3.8 水平管段水相厚度分布示意图

对于图 3.8(a)、(d)所示的两种情况,水相厚度初始值大于零,可直接在积分区间内对式(3.21)进行数值积分求解水相厚度的分布;对于其他两种情况,初始水相厚度等于零,则水相厚度的计算可分为两部分:一是从 $\tilde{h}_{N0}$ 到 $\tilde{h}_{cr}$ 进行数值积分;二是在 0 到 $\tilde{h}_{N0}$ 区间内按照式(3.25)~式(3.29)进行解析计算。

3.2.2 进入上倾管段的最大水量

由 3.1 小节分析可知,假设积水沿水平管段平铺时的油水界面稳定性机理过大地预测了临界表观油速。若水相厚度呈梯度分布,根据界面稳定性判定准则式(3.6),可解得油流携水系统的临界条件以及进入上倾管段的最大水量。通过对水相厚度分布公式进行积分可得到积水水相厚度在流动方向上的分布,将其最大值记为 h_{max}。对于某一表观油速 U_{os},由式(3.6)可得到界面稳定时的最大水相厚度 h_s,由式(3.24)可得相同 U_{os} 时的临界水相厚度 h_{cr},计算发现相同条件下(相同物性参数、管径、U_{os}),h_{cr} 恒大于 h_s。

若 $h_{max} < h_s$,则界面平滑无波动,注入测试管段的水量全部停留在水平管段,如图 3.9(a)所示;当 $h_{max} \geq h_s$ 时,界面产生波动;若 $h_s < h_{max} < h_{cr}$,则界面波动但不形成水塞,如图 3.9(b)所示,阴影部分的水可能脱离积水主体并进入油流并随油流进入上倾管段;若 $h_{max} \geq h_{cr}$,则界面波动且形成水塞,如图 3.9(c)所示,水塞及阴影部分的水均可能随油流进入上倾管段。

第3章 水平管段内油流携水理论分析

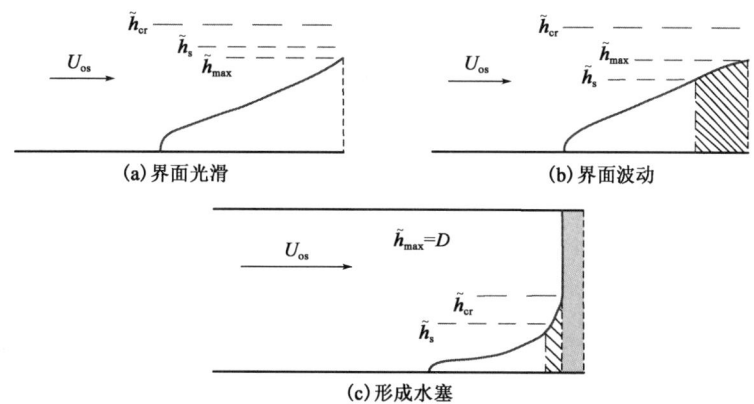

图3.9 在油流携带下进入上倾管段的最大水量示意图

假设进入上倾管段的最大水量包括水塞(若 $L_2>0$)以及水塞尾部 $h>h_s$[图3.9(b)、(c)中阴影部分]两部分,即

$$V_e = \int_{h_s}^{h_{cr}} \frac{A_w(h)}{dh/dx} dh + A \cdot L_2 \tag{3.30}$$

式中 V_e——进入上倾管段的最大水量,mL;

dh/dx——式(3.21)所示水相厚度的分布梯度。

式(3.30)中界面稳定时的最大水相厚度 h_s 是由式(3.6)计算得到,忽略了界面梯度分布对油水两相分层流稳定性的影响。两相界面呈梯度分布时两相分层流的界面稳定性分析见附录B,通过分析发现,采用界面梯度分布时的稳定性判定准则计算进入上倾管段的最大水量 V_e 与采用忽略界面梯度分布时的判定准则式(3.6)的计算结果相差不大,当 $\tilde{h}=0.1$ 时的 V_e/V_w 的最大误差为9.0%。

3.2.3 算例

油相、水相的物性参数分别取柴油和水的密度和黏度:柴油密度855.83kg·m^{-3}、黏度 3.43×10^{-3} Pa·s;水密度997.04kg·m^{-3}。水平管段长度 $L=0.5$m,管径 D 为41mm、27mm,水相体积 V_w 为40mL、25mL、15mL。

3.2.3.1 管径27mm管路系统

(1)油相流量 $Q=0.10$m^3·h^{-1},表观油速 $U_{os}=0.049$m·s^{-1}。

$h_{cr}=15.46$mm,水在油流冲刷作用下聚集至水平管段下游拐弯处,$\tilde{h}_0=0$,取数值积分下限 $\tilde{h}_{N0}=0.0001$,则 $\tilde{x}_0=2.53\times10^{-6}$,$V_{N0}=3.79\times10^{-17}$m^3。当 $x=x_{cr}=0.44$m时,水相厚度等于临界值,数值积分体积与 V_{N0} 之和为53.42mL,若大于注入测试管段的水量,说明水相厚度达不到临界值,不能形成水塞;同时,若 x_{max}(水相厚度等于最大值 h_{max} 时的位置)小于水平管段长度 L,说明存在无水段。计算结果见表3.2,界面形状与图3.8(b)一致。

表 3.2　管径 27mm 管路系统中油相流量 0.10m³·h⁻¹ 时的计算结果

$\tilde{h}_0$	V_w/mL	$h_{\max}$/mm	L_{dry}/m	L_1/m
0.0001	15	7.1209	0.2553680	0.2446320
	25	8.8437	0.1845166	0.3154834
	40	11.3128	0.1067075	0.3932925

（2）油相流量 $Q = 0.15 \mathrm{m}^3 \cdot \mathrm{h}^{-1}$，表观油速 $U_{os} = 0.073 \mathrm{m} \cdot \mathrm{s}^{-1}$。

$h_{cr} = 12.73 \mathrm{mm}$，$\tilde{h}_0 = 0$，数值积分下限取 $\tilde{h}_{N0} = 0.0001$，则 $\tilde{x}_0 = 1.69 \times 10^{-6}$，$V_{N0} = 2.53 \times 10^{-17} \mathrm{m}^3$。当 $x = x_{cr} = 0.22 \mathrm{m}$ 时，水相厚度等于临界值，数值积分体积与 V_{N0} 之和为 21.41mL，计算结果见表 3.3，界面形状与图 3.8(b) 或图 3.8(c) 一致。

表 3.3　管径 27mm 管路系统中油相流量 0.15m³·h⁻¹ 时的计算结果

$\tilde{h}_0$	V_w/mL	$h_{\max}$/mm	L_{dry}/m	L_1/m	L_2/m
0.0001	15	9.1731	0.3100224	0.1899776	0
	25	27	0.2721590	0.2215701	0.0062709
	40	27	0.2459606	0.2215701	0.0324693

3.2.3.2　管径 41mm 管路系统

（1）油相流量 $Q = 0.62 \mathrm{m}^3 \cdot \mathrm{h}^{-1}$，表观油速 $U_{os} = 0.130 \mathrm{m} \cdot \mathrm{s}^{-1}$。

$h_{cr} = 14.66 \mathrm{mm}$，$\tilde{h}_0 = 0$，数值积分下限取 $\tilde{h}_{N0} = 0.0001$，则 $\tilde{x}_0 = 2.17 \times 10^{-6}$，$V_{N0} = 1.14 \times 10^{-16} \mathrm{m}^3$。当 $x = x_{cr} = 0.26 \mathrm{m}$ 时，水相厚度等于临界值，数值积分体积与 V_{N0} 之和为 40.75mL，计算结果见表 3.4，界面形状与图 3.8(b) 一致。

表 3.4　管径 41mm 管路系统中油相流量 0.62m³·h⁻¹ 时的计算结果

$\tilde{h}_0$	V_w/mL	$h_{\max}$/mm	L_{dry}/m	L_1/m
0.0001	15	8.0431	0.3366590	0.1633410
	25	10.0480	0.2901975	0.2098025
	40	13.8179	0.2410959	0.2589041

（2）油相流量 $Q = 0.80 \mathrm{m}^3 \cdot \mathrm{h}^{-1}$，表观油速 $U_{os} = 0.168 \mathrm{m} \cdot \mathrm{s}^{-1}$。

$h_{cr} = 11.01 \mathrm{mm}$，$\tilde{h}_0 = 0$，数值积分下限取 $\tilde{h}_{N0} = 0.0001$，则 $\tilde{x}_0 = 1.68 \times 10^{-6}$，$V_{N0} = 0.88 \times 10^{-16} \mathrm{m}^3$。当 $x = x_{cr} = 0.11 \mathrm{m}$ 时水相厚度等于临界值，数值积分体积与 V_{N0} 之和为 11.85mL，计算结果见表 3.5，界面形状与图 3.8(c) 一致。

表 3.5　管径 41mm 管路系统中油相流量 0.80m³·h⁻¹ 时的计算结果

$\tilde{h}_0$	V_w/mL	$h_{\max}$/mm	L_{dry}/m	L_1/m	L_2/m
0.0001	15	41	0.3849817	0.1126312	0.0023870
	25	41	0.3774074	0.1126312	0.0099613
	40	41	0.3660460	0.1126312	0.0213228

由上述算例可看出，在第 2 章实验流量范围内，图 3.8(a)、(d)所示水相初始水相厚度大于零、无水段长度 $L_{dry}=0$ 的情况没有发生，而以图 3.8(b)或图 3.8(c)的形式存在：水平管段上游出现无水段，水相在油流剪切作用下被携带至管段下游，若水相厚度最大值超过临界值，则形成水塞。油相流量越大，无水段长度越大，水塞长度也越大，管段下游同一位置处的水相厚度变化越快。

3.2.4 结果分析及比较

3.2.4.1 计算结果

利用水塞模型对实验中不同油相流量下，水平管段内水相厚度分布以及进入上倾管段的最大水量进行分析，以两钢管管路系统为例。

(1) 水相厚度分布。

两钢管管路系统水平管段的水相厚度分布分别如图 3.10(管径 27mm，$L=0.5$m，$\tilde{L}=L/D=18.5$)和图 3.11(管径 41mm，$L=0.5$m，$\tilde{L}=L/D=12.2$)所示，坐标 $\tilde{x}$ 为水平管段的无量纲轴向长度。

由图 3.10(a)和图 3.11(a)发现，水量相同时，水相厚度变化梯度随表观油速增大而增大；表观油速足够大后，水相厚度达到临界值，形成水塞，其长度随表观油速增大而增大。由图 3.10(b)和图 3.11(b)发现，表观油速相同时，水量越大，无水段长度越小，相同位置处的水相厚度越大；形成水塞的长度随水量 V_w 的增大而增大；水塞塞尾(水相厚度小于临界值)的厚度分布不随水量变化而变化。

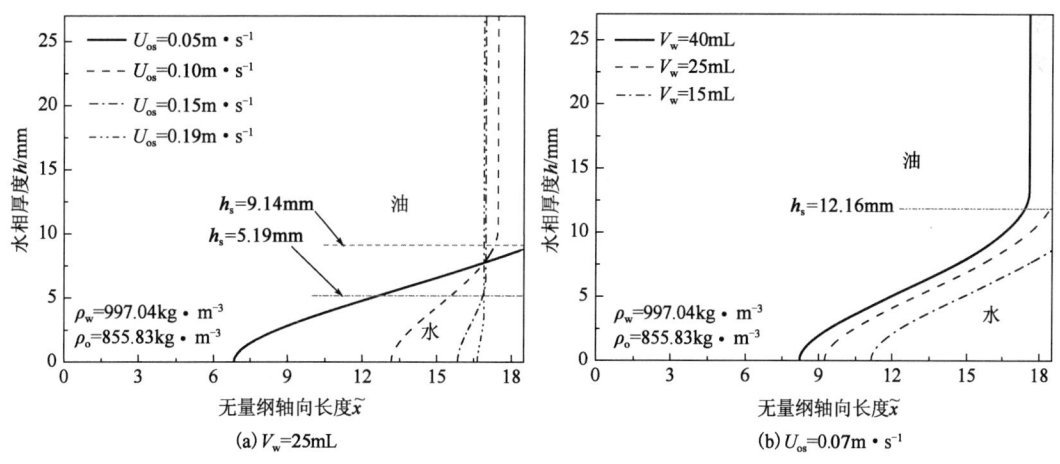

图 3.10 管径 27mm 管路系统水平管段的预测水相厚度分布

(2) 进入上倾管段的最大水量。

根据式(3.30)可计算出两钢管管路系统中不同水量时进入上倾管段的最大水量(记为 V_e)，如图 3.12 所示。可看出，水量越大，临界油相流量(水相厚度呈梯度分布时界面产生波动的最小油相流量)越小；进入上倾管段的最大水量随油相流量增大而增大，若油相流量足够

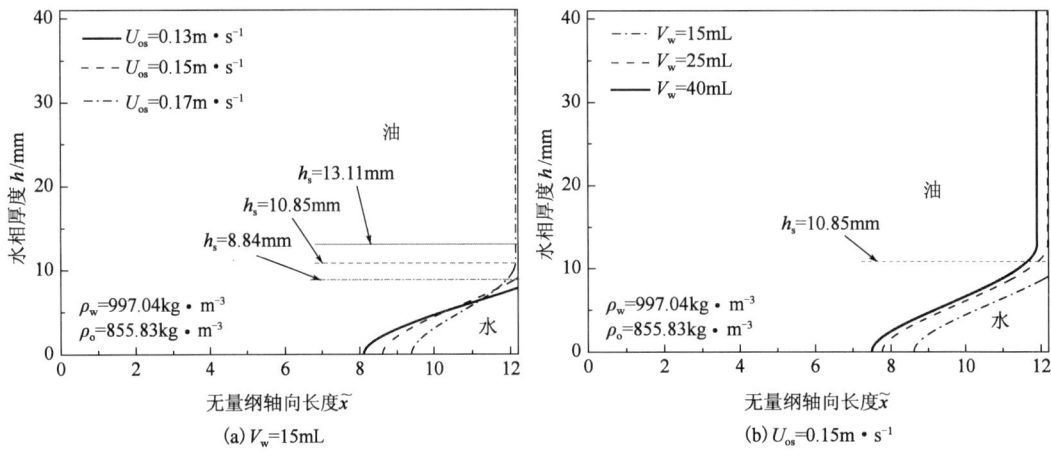

图 3.11 管径 41mm 管路系统水平管段的预测水相厚度分布

大,则所有注入水平管段的水量均可进入上倾管段。图 3.12 表明,水量 V_w 为 15mL、25mL、40mL 时,水塞模型预测管径 27mm 管路系统的临界表观油速分别为 0.08m·s^{-1}、0.07m·s^{-1}、0.06m·s^{-1};管径 41mm 管路系统的临界表观油速分别为 0.16m·s^{-1}、0.14m·s^{-1}、0.13m·s^{-1}。根据上述分析可知,此临界表观油速为水相厚度呈梯度分布时界面开始产生波动的表观油速,即为有水进入上倾管段的最小表观油速,也就是第 2 章定义的第一临界表观油速 U_{oscr1}。根据第 2.5.2 小节水量 40mL 时,管径 27mm、41mm 两钢管管路系统上倾管段距水平管段最近出口处的临界表观油速分别为 0.08m·s^{-1}、0.15m·s^{-1}。根据水相平均流速可知,有水进入上倾管段时的临界表观油速应略小于上倾管段上出口处的临界表观油速。比较发现,水塞模型对两钢管管路中油流携水系统的临界条件的预测均在合理范围之内,最大误差为 25.0%。

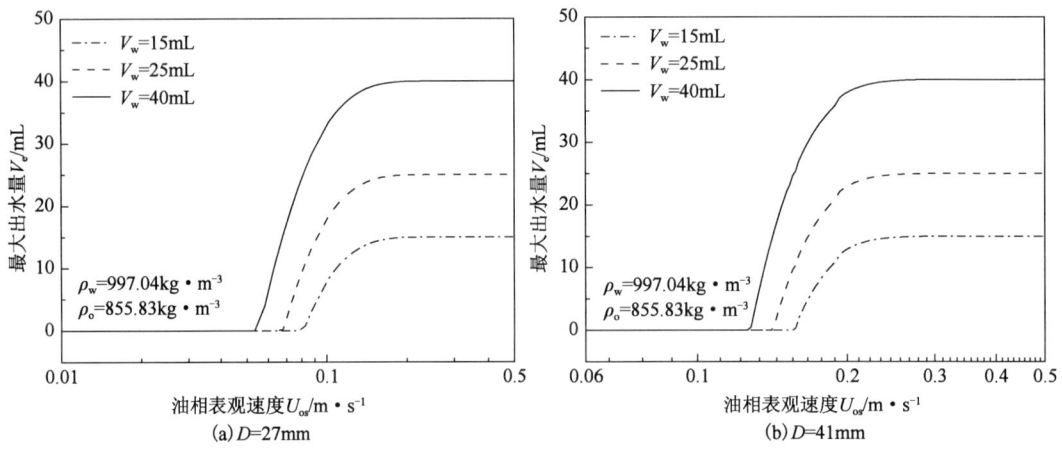

图 3.12 进入上倾管段的最大水量的理论计算结果

对于管径 50mm 的有机玻璃管路系统,以水量 V_w = 108mL(水相截面含率为 5%)为例,采用水塞模型预测其临界表观油速为 0.14m·s^{-1},由图 3.12(c)可知,积水进入上倾管段的最

小表观油速约为 $0.16 \mathrm{m \cdot s^{-1}}$，其误差为 12.5%，因此，水塞模型对三套测试系统的预测均表现良好。

3.2.4.2 管径及物性参数对计算结果的影响

采用水塞模型可计算相同物性参数、水相截面含率时不同管径测试管段进入上倾管段的最大水量，如图 3.13 所示为水相截面含率为 0.05 时的结果，其中 V_e 为进入上倾管段的最大水量，V_w 为注入水平管段的水量，$V_e \leq V_w$。发现，相同持液率时，临界表观油速随管径增大而增大；相同表观油速时，管径越大，能进入上倾管段的水量占总水量的比例越小。因此，管径增大时，携带相同水相截面含率对应的积水量所需要的油相流量也越大。须指出，水相截面含率相同（水相厚度 $\tilde{h}$ 也相同）时，水量 V_w 随管径增大而增大：$V_w = [\theta_0 - \sin(2\theta_0)/2] \cdot \dfrac{D^2}{4} \cdot L$ [θ_0 是 $\tilde{h}$ 的函数，等于 $\arccos(1-2\tilde{h})$]。

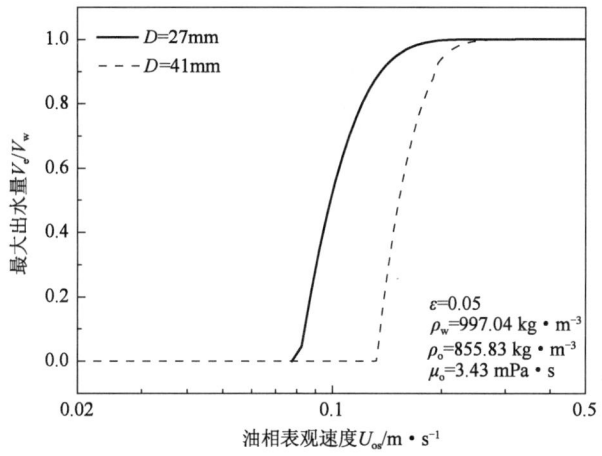

图 3.13　相同物性参数、水相截面含率时，两实验管路系统中进入上倾管段的最大水量

在实验运行过程中，因过泵剪切等因素会致使油温有所升高，因此需考虑温度变化对计算结果的影响。取温度 5℃、15℃、25℃时的物性参数（忽略水相密度的变化，取其密度为 $997.04 \mathrm{kg \cdot m^{-3}}$），对界面分布及进入上倾管段的最大水量进行预测，分别如图 3.14 和图 3.15 所示。由图 3.14 看出，相同管径、油相流量、水量时，若油温升高，油相密度、黏度减小，无水段长度 L_{dry} 减小，水相厚度变化梯度 $\mathrm{d}h/\mathrm{d}x$ 减小，水塞长度 L_2 也减小，油温升高至一定程度，若 $h_{\max} < h_{\mathrm{cr}}$，水塞消失。图 3.15(a) 为油相密度、黏度均变化时的计算结果，可看出，相同管径、水量时，若升高油温，油相密度、黏度减小，临界表观油速增大，相同表观油速剪切作用下最大出水量减小。图 3.15(b) 和图 3.15(c) 分别为油相密度和黏度对 V_e/V_w 的影响，可看出，油相密度、黏度的增大均使临界表观油速减小、相同表观油速剪切作用下最大出水量增大。

为更清晰地反映密度、黏度对出水量的影响，以温度从 25℃ 降至 15℃ 为例，分别分析黏度、密度对 V_e 的影响。表 3.6 为管径 27mm 管路系统中流量 $0.16 \mathrm{m^3 \cdot h^{-1}}$ 时，油相密度、黏度变化引起的进入上倾管段最大水量的变化。

(a) U_{os}=0.05m • s^{-1}, V_w=40mL

(b) V_w=15mL, U_{os}=0.08m • s^{-1}

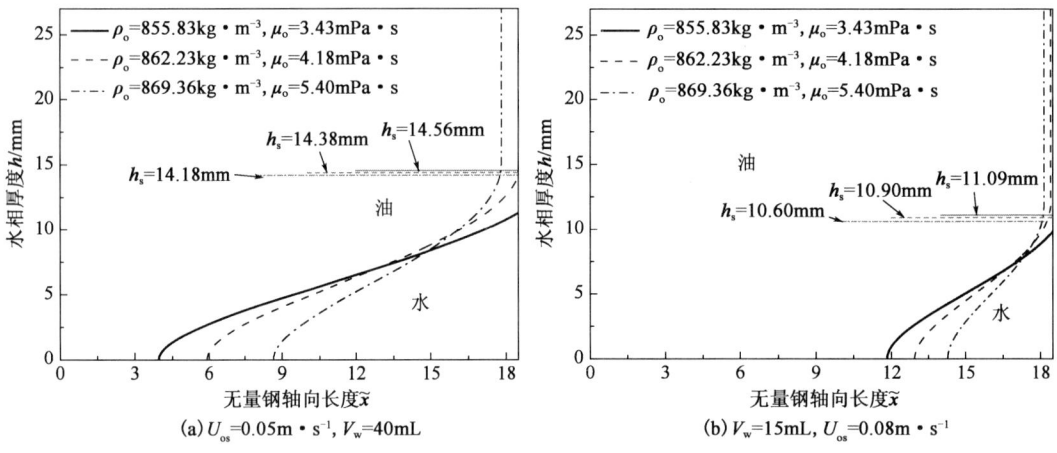

图 3.14　管径 27mm 管路系统不同物性参数对水平管段水相厚度分布的影响

(a) 密度、黏度均不相同

(b) 黏度相同，密度不同

(c) 密度相同，黏度不同

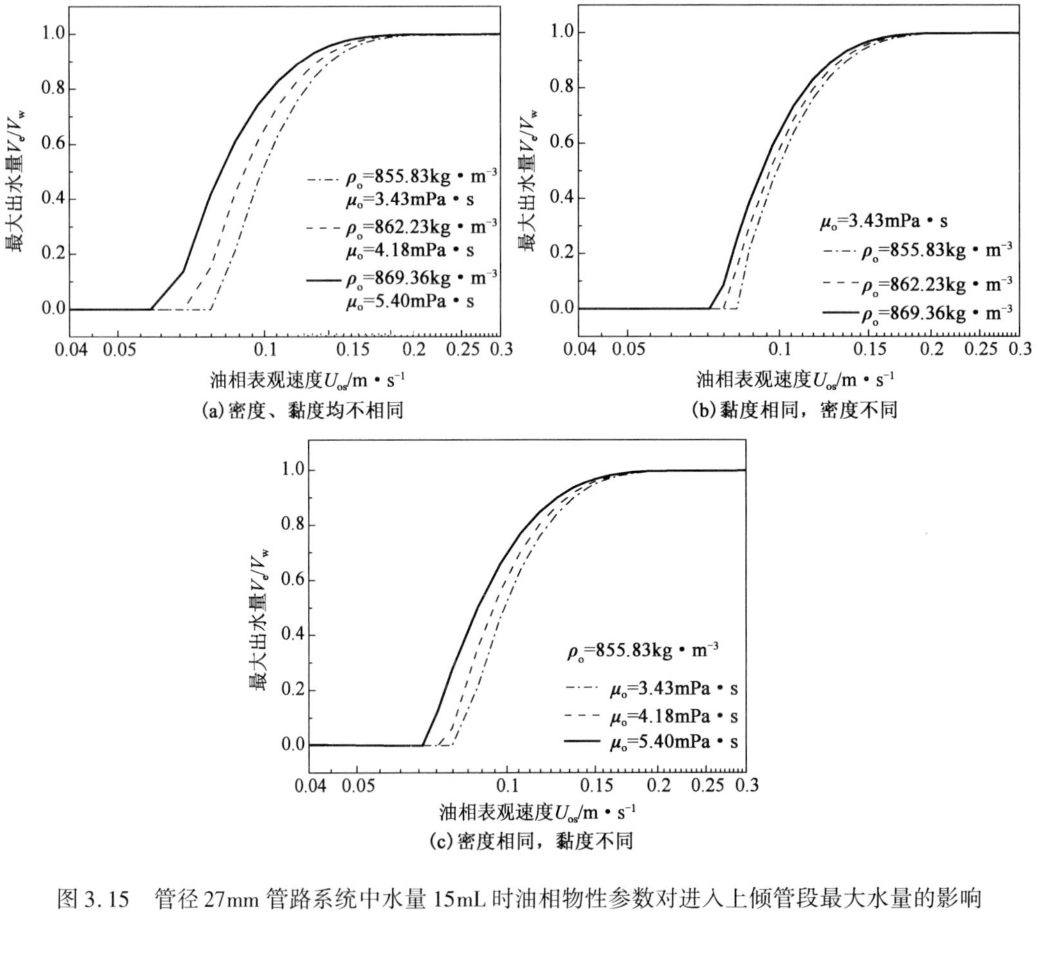

图 3.15　管径 27mm 管路系统中水量 15mL 时油相物性参数对进入上倾管段最大水量的影响

表 3.6 油相物性参数对进入上倾管段的最大水量的影响（$D=27\text{mm},Q=0.16\text{m}^3\cdot\text{h}^{-1}$）

项目	$\rho_o=855.83\text{kg}\cdot\text{m}^{-3}$, $\mu_o=3.43\text{mPa}\cdot\text{s}$	$\Delta\rho=6.4\text{kg}\cdot\text{m}^{-3}$, $\Delta\mu=0.75\text{mPa}\cdot\text{s}$	$\Delta\rho=6.4\text{kg}\cdot\text{m}^{-3}$	$\Delta\mu=0.75\text{mPa}\cdot\text{s}$
$V_\text{stable}/\text{mL}$	17.13	12.71	15.49	14.06
$\Delta V/\text{mL}$	—	4.42	1.64	3.07

注：ΔV 表示油相密度、黏度增大时导致进入上倾管段的水量的变化（>0）。

温度降低可引起油相密度、黏度增大（增大量分别记为 $\Delta\rho$、$\Delta\mu$）。由表 3.6 发现，油相密度、黏度增大会导致停留在水平管段的水量（记为 V_stable，$V_\text{stable}+V_e=V_w$）减小、进入上倾管段的水量 V_e 增大，其增大量记为 ΔV。若密度、黏度同时增大，$\Delta V=4.42\text{mL}$；仅密度增大时，$\Delta V=1.64\text{mL}$；仅黏度增大时，$\Delta V=3.07\text{mL}$，则相同条件下，黏度对出水量的影响要大于密度对其产生的影响。

3.2.4.3 界面稳定性对进入上倾管段最大水量的影响

由进入上倾管段最大水量 V_e 的计算式（3.30）可知，进入上倾管段的水量由两部分组成：(1) 为形成水塞的水量；(2) 为界面存在波动的水量。若不考虑界面波动，则进入上倾管段的最大水量仅为形成水塞的水量，即 $V_e=A\cdot L_2$。如图 3.16 所示为管径 27mm、41mm 管路系统中、相同持液率时，采用水塞模型预测进入上倾管段的最大水量在是否考虑界面稳定性条件下的值，其中实线、虚线分别为考虑界面波动、忽略界面波动时的最大出水量。

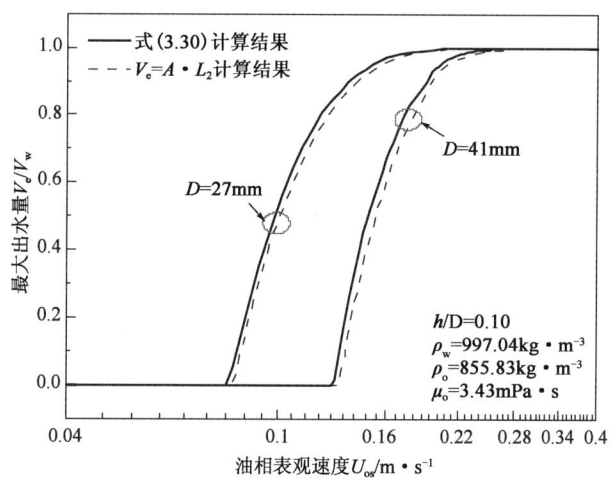

图 3.16 界面稳定性对进入上倾管段的最大水量的影响

通过比较发现，是否考虑界面稳定性对进入上倾管段的最大水量及临界表观油速的影响均不大，前者最大误差为 10%，后者最大误差为 3.3%。

3.2.4.4 实测数据比较

若假设形成的水塞稳定，则上倾管段上任意位置处的出水量 V_out 应相同，且均等于进入上倾管段的最大水量 V_e。将分析结果与实测钢管系统上倾管段不同位置处的出水量进行比较，如图 3.17、图 3.18 所示。

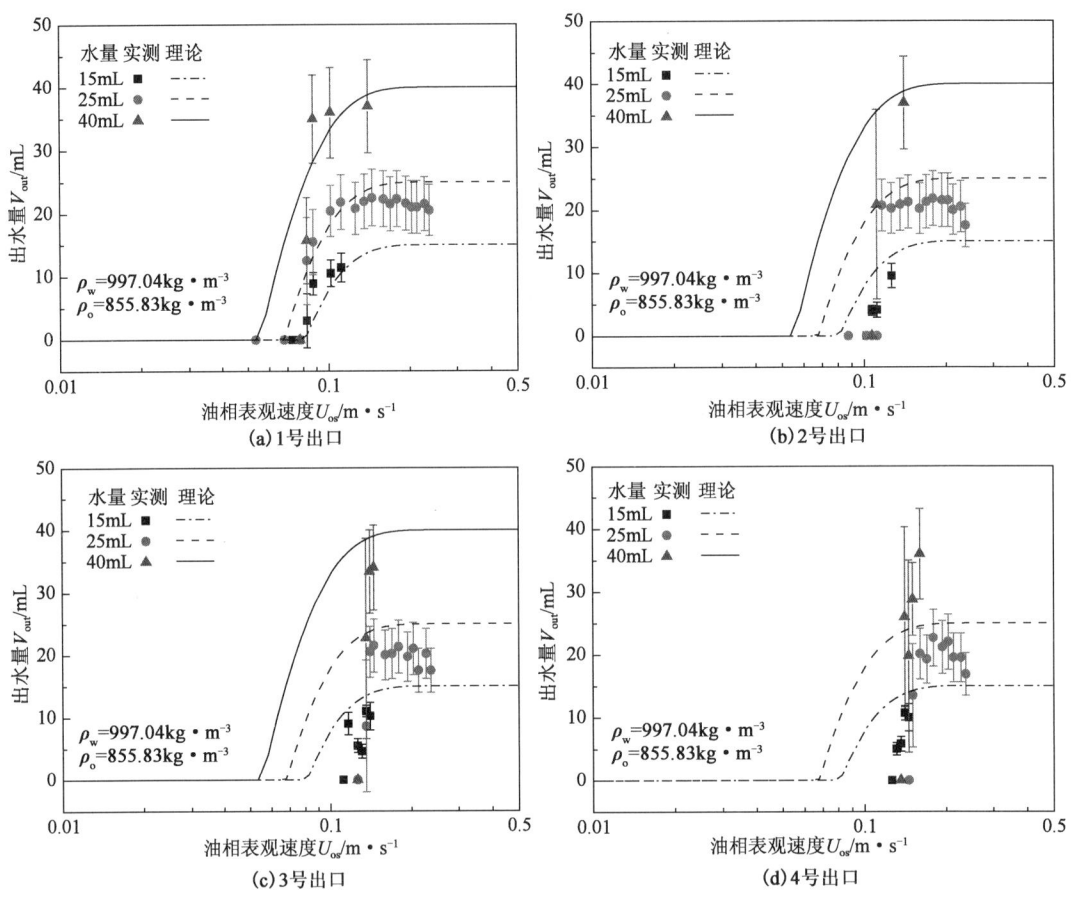

图 3.17 管径 27mm 管路系统实测出水量与预测值的比较

由图 3.17、图 3.18 可以看出,若假设水平管段形成的水塞稳定,管径 27mm 管路系统中临界表观油速的预测值明显小于实测值,且偏差随出水孔距水平管段右端点的距离增大而增加;管径 41mm 管路系统中,预测值与实测值也存在一定偏差。表观油速较大时,实测数据与分析结果比较吻合。不过,临界表观油速在不同水量时的预测值差别较大,而实测不同水量时的临界表观油速差别并不明显。由此看来,水平管段形成的水塞进入上倾管段后并不稳定,而是在重力、剪切应力、界面张力等作用下重新分布,因此,需在水塞模型基础上,对进入上倾管段的水相分布进行分析。

3.2.5 初始水相厚度对水相厚度分布的影响

为检验数值计算对初始值的敏感性,以管径 27mm 管路系统中油相流量 $0.10\text{m}^3 \cdot \text{h}^{-1}$、水量 40mL 和管径 41mm 管路系统中油相流量 $0.25\text{m}^3 \cdot \text{h}^{-1}$、水量 25mL 两工况为例,分析不同水相厚度初始值对计算结果的影响。无量纲水相厚度初始值分别取 1×10^{-4}、1×10^{-5} 和 1×10^{-6},其计算结果见表 3.7、表 3.8。

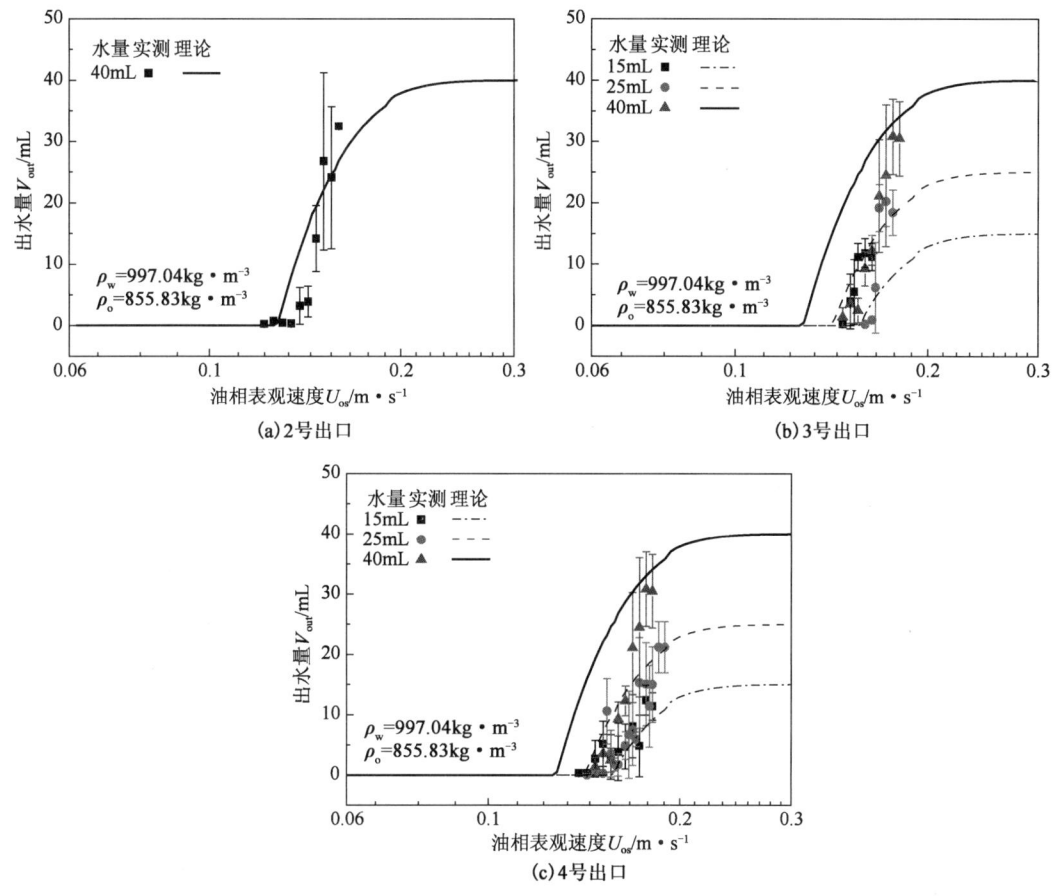

图 3.18 管径 41mm 管路系统实测出水量与预测值的比较

表 3.7 不同水相厚度初始值对计算结果的影响（$D=27\text{mm}$，$Q=0.10\text{m}^3\cdot\text{h}^{-1}$，水量 40mL）

$\tilde{h}_0$	$h_{\max}$/mm	L_{dry}/m	L_1/m
1×10^{-4}	11.3128	0.1067075	0.3932925
1×10^{-5}	11.3128	0.1067075	0.3932925
1×10^{-6}	11.3128	0.1067075	0.3932925

表 3.8 不同水相厚度初始值对计算结果的影响（$D=41\text{mm}$，$Q=0.25\text{m}^3\cdot\text{h}^{-1}$，水量 25mL）

$\tilde{h}_0$	$h_{\max}$/mm	L_{dry}/m	L_1/m
1×10^{-4}	6.2867	0.3610011	0.1389989
1×10^{-5}	6.2867	0.3609958	0.1390042
1×10^{-6}	6.2867	0.3609955	0.1390045

可看出，不同非零初始值 $\tilde{h}_{N0}$ 对计算结果的影响非常小，在 1×10^{-6}m 量级内完全一致。在水平管段中，水相厚度的分布可分为三段：无水段（水相厚度为零），水塞塞尾段（x 从 0 到 x_0 解析计算段以及 x 从 x_0 到 x_{cr} 的数值积分段）以及水塞段，如式（3.31）所示。管径 41mm 管路

系统中油相流量 $0.25\mathrm{m}^3 \cdot \mathrm{h}^{-1}$、水量 15mL 时,三个不同初始水相厚度计算得到的水相厚度分布如图 3.19 所示。

$$\begin{cases} h = 0 \\ h = \sqrt{3\tau_{\mathrm{os}} \cdot x/\Delta\rho g} \\ h = h(x) \\ h = D \end{cases} \quad \text{当} \begin{cases} 0 < x \leqslant L_{\mathrm{dry}} \\ L_{\mathrm{dry}} < x \leqslant L_{\mathrm{dry}} + x_0 \\ L_{\mathrm{dry}} + x_0 < x < x_{\mathrm{cr}} \\ x_{\mathrm{cr}} \leqslant x < L \end{cases} \quad (3.31)$$

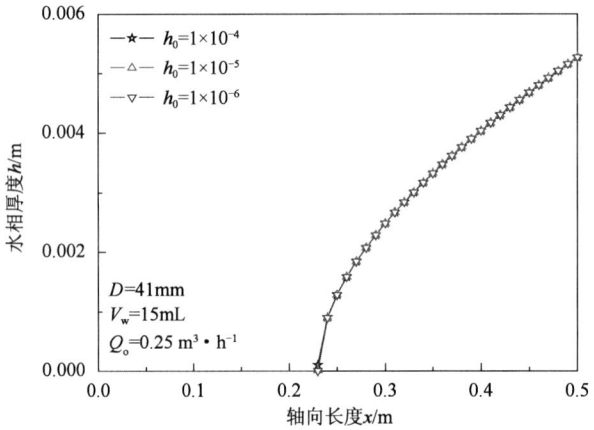

图 3.19　不同水相厚度初始值对计算结果的影响

由图 3.19 可看出,三个不同水相厚度初始值计算的结果基本重合,说明采用较大的水相厚度初始值 $h_0 = 1 \times 10^{-4}$ 计算水相厚度的分布,可以满足工程实际情况的精度要求。

3.3　分散流模型

实际工业管道的流动均处于紊流。油相紊流时,积水可能被打散成水滴分散进入油流中,因此,需采用分散流模型对水平管段的临界表观油速进行预测。若流动进入紊流混合摩擦区或水力粗糙区,则需考虑管壁粗糙度对结果的影响。

3.3.1　分散流判定准则

气液两相分散流边界的分析方法主要有两种:(1) 从力的角度,如 Taitel 等[7,17]、Barnea 等[18-19];(2) 从能量的角度,如 Chen 等[20]。1976 年,Taitel 和 Dukler[7]通过分析湍流剪切力和浮力建立了水平管道以及小倾角管道内气液两相分散流的边界,并得到了实验数据的支持。后来,Teitel 等[17]和 Barner 等[19]利用 Hinze 模型对竖直管以及大倾角管路中气液两相分散流保持稳定的最大气泡直径进行了分析,认为只有液相的紊动能足够大、能克服气泡的界面张力时,两相分散流才可保持稳定。1987 年,Barner 等[18]通过引入浮力作用将此模型的应用范围扩大至水平管以及小倾角管路系统。但是,这些模型都仅能预测气相表观速度较小时分散流的转换边界,当气相流量增大时,模型预测的结果与实验数据出现较大偏差。1997 年,Chen 等[20]通过假定液相湍动能和气泡界面能相等而建立了一新模型,模型预测的液相临界流量随气相流量增大而单调增大,但在气相流量较小时,预测结果偏小。

对于液液两相分散流,Brauner 等[21-22]、吴铁军等[23-24]都采用 Hinze 模型对分散相液滴的最大直径进行了预测。为使气液两相流与液液两相流分散流边界准则统一起来,Brauner[25]提出了适用于不同 Eo 数范围的判断准则——基于 Hinze 模型的 H 模型、基于 Hughmark 模型的 K 模型以及 K1 模型,此判断准则也可应用于小管径系统[26]。三种模型的适用范围分别为:

(1) H 模型:$Eo > 5$;
(2) K 模型:$0.2 < Eo < 5$;
(3) K1 模型:$Eo < 0.2$。

其中 $Eo = \dfrac{\Delta \rho g D^2 \cos\beta'}{8\sigma}$,$\beta' = \begin{cases} |\beta|, & |\beta| < 45° \\ 90° - |\beta|, & |\beta| > 45° \end{cases}$,$\beta$ 为管路倾角,(°)。

根据实验管路系统的 Eo 数(>5)判定应采用 H 模型对分散流的边界条件进行分析。此模型指出当且仅当连续油相紊流强度很大、足以将水相打散成最大直径(记为 $d_{\max}$)小于其变形或聚结的临界直径(记为 d_{crit})的小水滴时,分散流稳定,即

$$d_{\max} \leqslant d_{\text{crit}} \tag{3.32}$$

其中

$$\tilde{d}_{\max} = 0.55 \left(\dfrac{\rho_o U_o^2 D}{\sigma} \right)^{0.6} \cdot f_o^{-0.4} \tag{3.33.1}$$

$$d_{\text{crit}} = \operatorname{Min}(d_{cb}, d_{c\sigma}) \tag{3.33.2}$$

$$\tilde{d}_{c\sigma} = \sqrt{\dfrac{0.4\sigma}{|\Delta\rho| g \cos\beta' D^2}},\ \beta' = \begin{cases} |\beta|, & |\beta| < 45° \\ 90° - |\beta|, & |\beta| > 45° \end{cases} \tag{3.33.3}$$

$$\tilde{d}_{cb} = \dfrac{3}{8} \dfrac{\rho_o}{|\Delta\rho|} \dfrac{f_o U_o^2}{Dg\cos\beta} \tag{3.33.4}$$

$$U_o = U_w = U_{os} + U_{ws} = \dfrac{U_{os}}{1 - \varepsilon_w} \tag{3.33.5}$$

f_o 为油相摩阻系数,若不考虑管壁粗糙度,采用式(3.23)计算;若考虑管壁粗糙度,其计算公式如下[27]:

$$f_o = \left\{ -3.6 \log_{10} \left[\dfrac{6.9}{Re_o} + \left(\dfrac{e}{3.7D} \right)^{1.11} \right] \right\}^{-2} \tag{3.34}$$

式中,e 为管壁的绝对粗糙度,m。若管径小于 0.1m,按照镀锌钢管的绝对粗糙度 $e = 0.15\text{mm}$ 进行计算;若管径大于 0.1m,按照普通钢管的绝对粗糙度 $e = 0.045\text{mm}$ 进行计算[28]。

3.3.2 粗糙管的临界油相速度

由式(3.33)可知,分散流判定准则取决于$\tilde{d}_{cb}$、$\tilde{d}_{c\sigma}$的大小。为确定水平管段中$\tilde{d}_{cb}$、$\tilde{d}_{c\sigma}$的大小,令$\tilde{d}_{c\sigma} = \tilde{d}_{cb}$,即

$$\sqrt{\frac{0.4\sigma}{|\Delta\rho| gD^2}} = \frac{3}{8} \frac{\rho_o}{|\Delta\rho|} \frac{f_o U_o^2}{Dg} \tag{3.35}$$

已知物性参数和管壁粗糙度后,根据式(3.35)可求出满足$\tilde{d}_{cb} = \tilde{d}_{c\sigma}$的油相速度,将此速度记为$U_1$。若判定准则为$d_{max} \le d_{c\sigma}$,将式(3.33.1)、式(3.33.3)代入式(3.32),得到的油相速度记为U_{o1};若判定准则为$d_{max} \le d_{cb}$,将式(3.33.1)、式(3.33.4)代入式(3.32),得到的油相速度记为U_{o2}。若U_{o1}、$U_{o2} > U_1$,则式(3.35)右侧增大,$d_{c\sigma} < d_{cb}$,判定准则应取$d_{max} \le d_{c\sigma}$,即临界油相速度为U_{o1};若U_{o1}、$U_{o2} < U_1$,则式(3.35)右侧减小,$d_{c\sigma} > d_{cb}$,判定准则应取$d_{max} \le d_{cb}$,即临界油相速度为U_{o2}。因此,可计算出不同管径的管路系统中形成稳定分散流的临界油相速度,进而求得临界表观油速。油相速度与表观油速之间满足

$$U_{os} = U_o \cdot (1 - \varepsilon_w) = U_o \cdot \left(1 - \frac{4V_w}{\pi D^2 \cdot L}\right) \tag{3.36}$$

已知水量V_w、管长L及临界油相速度U_o后,根据式(3.36)可计算出临界表观油速。表3.9为不同管路系统的临界油速及不同水量时的临界表观油速、实测临界表观油速(记为U_{osex},钢管系统:$V_w = 40\text{mL}$;有机玻璃管系统:$V_w = 108\text{mL}$)。比较发现分散流模型过大地预测了实验测试管段的临界表观油速。

表3.9 粗糙管中分散流模型的临界油相速度

D/mm	$U_o/\text{m}\cdot\text{s}^{-1}$	$U_{os}/\text{m}\cdot\text{s}^{-1}$	$U_{osex}/\text{m}\cdot\text{s}^{-1}$
27	0.81	0.70	0.08
41	0.92	0.86	0.15
50	1.12	1.06	0.16

3.3.3 管壁粗糙度对临界油速的影响

若流动进入紊流混合摩擦区或水力粗糙区,需考虑管壁粗糙度对结果的影响。采用分散流模型计算相同条件下粗糙管和光滑管的临界油速,如图3.20所示为不同管路系统中粗糙管与光滑管的临界油速的比较。发现,管径大于0.156m时,光滑管与粗糙度的结果基本一致,此时判定分散流模型准则式(3.32)为$d_{max} = d_{c\sigma}$;管径小于0.156m时,光滑管中形成油水分散流的临界油速比粗糙管中有所增大,此时判定分散流模型准则式(3.32)为$d_{max} = d_{cb}$。由图3.20还发现,无论光滑管还是粗糙管,其临界油速均与管径呈指数递增关系,即满足$U_o \propto D^k$,管径小于0.156m时,对于光滑管,$k = 0.24$;对于粗糙管,$k = 0.30$;管径大于0.156m时,$k = 0.43$。

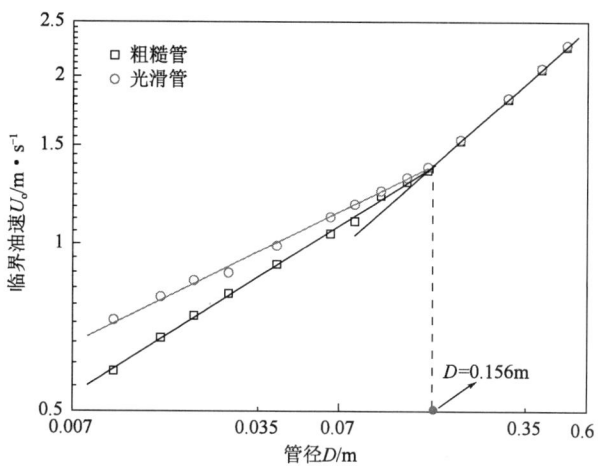

图3.20 不同管径的粗糙管、光滑管中形成油水分散流的临界油相速度

3.4 大管径水平管路系统的预测

3.4.1 不同管径系统的临界表观油速

实际工业管道的管径远大于实验管路系统的管径,且其流动处于紊流,因此,需对大管径水平管路系统进行讨论。采用上述三种机理,即油水界面稳定性准则、水塞模型以及分散流模型,对不同管径时水平管段内油流携水的临界表观油速进行分析。如图3.21(a)、(b)、(c)所示分别为水平管段内无量纲水相厚度$h/D = 0.05$、0.10、0.20时分别采用上述三种模型(油水界面稳定性模型、水塞模型、分散流模型)计算得到的不同管径管路系统的临界表观油速[图中均忽略管壁粗糙度对摩阻系数f的影响,采用式(3.23)计算f,与粗糙管计算结果的差异在3.4.2小节中讨论]。图3.21中还给出了层流—紊流的分界线$Re = 2000$(虚线),当油相密度、黏度分别为$855.83 kg \cdot m^{-3}$、$3.43 mPa \cdot s$时,层流—紊流的分界线为

$$U_{os} \cdot D = 2000 \cdot \mu_o / \rho_o = 0.008 \tag{3.37}$$

由图3.21可看出,三种机理均预测了临界表观油速随管径增大而增加。对于分散流模型,临界油相速度与管中积水量V_w无关,而临界表观油速随V_w增大而减小,不过水量不同时,临界表观油速随管径的指数递增关系不变;界面稳定性模型以及水塞模型的预测临界表观油速也随水量V_w增大而减小。相同条件下,水塞模型对临界表观油速的预测值最小,分散流模型的预测值最大。因此,对于大管径管路油流携水系统的临界条件,水塞模型仍可给出有意义的预测。同时,发现三种机理得到的临界表观油速与管径D均满足指数递增关系,即满足$U_{os} \propto D^k$:

(1)对于水塞模型,紊流时指数$k = 0.63$;层流时当水相厚度从0.05增大至0.10、0.20时,指数k从1.11增大至1.34、1.66。

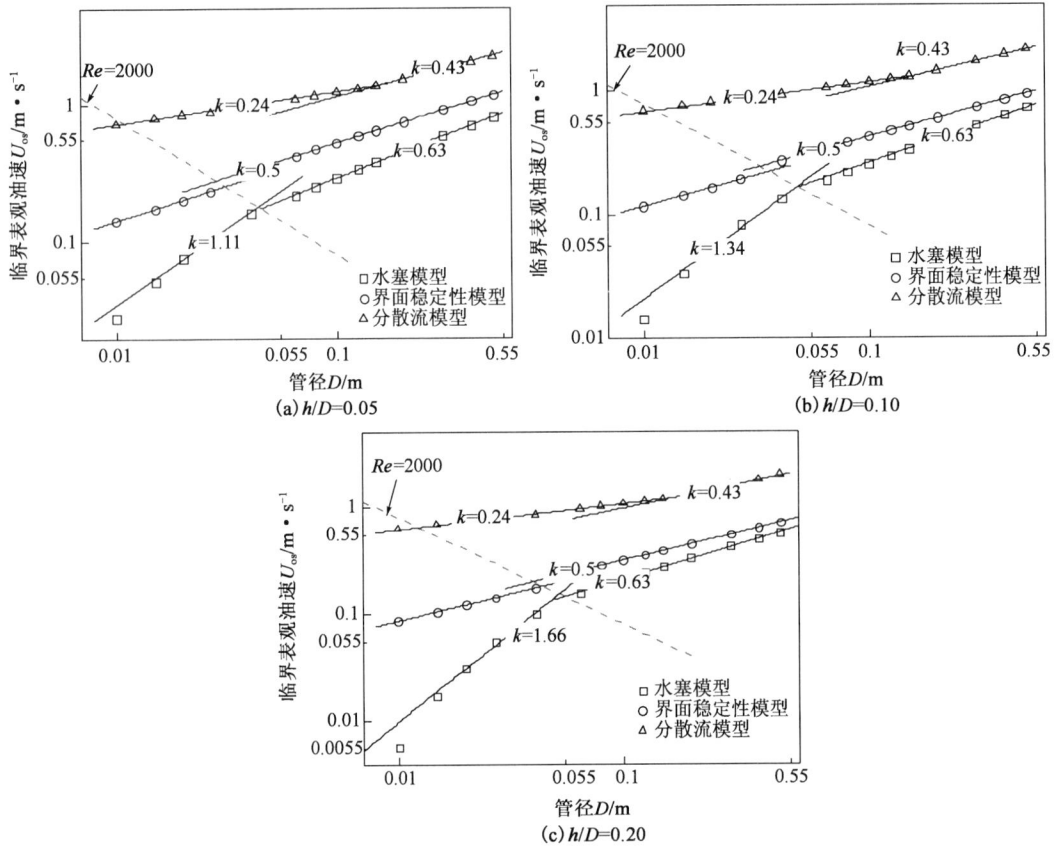

图 3.21 不同水含率(h/D = 0.05、0.10、0.20)时,三种模型预测的临界表观油速

(2)对于界面稳定性准则,流动状态由层流变为紊流时,临界表观油速发生跳变。由式(3.2)可知,物性参数、几何参数不变时,对于层流、紊流流动,指数 k 均为 0.5;且层流时的临界 U_{os} 与紊流时的临界 U_{os} 之比为 $\sqrt{12/16}=0.866$。

(3)对于分散流模型,物性参数、几何参数不变时,临界表观油速随管径增大而增大,其递增指数取决于管径:管径小于 0.156m 时,$k=0.24$;管径大于 0.156m 时,$k=0.43$。

3.4.2 管壁粗糙度对临界表观油速的影响

由界面稳定性判定准则式(3.5)可知,临界表观油速与摩阻系数无关,即管壁粗糙度对其计算结果没有影响。对于分散流模型,在第 3.3 小节中已对不同管径粗糙管与光滑管的临界表观油速进行了分析,这里仅比较采用水塞模型计算不同管径光滑管和粗糙管的临界表观油速。若油相流动为层流,则油相摩阻系数与管壁粗糙度无关,因此仅分析油相流动为紊流时的工况。为分析管壁粗糙度对计算结果的影响,采用式(3.34)计算摩阻系数 f,与采用忽略管壁粗糙度时的摩阻系数计算公式(3.23)的计算结果进行比较,如图 3.22 所示为水相厚度 $\tilde{h}$ 为 0.05 时不同管径粗糙管和光滑管的计算结果,其中图 3.22(a)为临界表观油速,图 3.22(b)为相应的表观雷诺数。比较发现管壁粗糙度对计算结果影响非常小,因 $Re_{os} \propto U_{os} \cdot D$,且第 3.4.1 小

节中说明 $U_{os} \propto D^k$,则 $Re_{os} \propto D^{k+1}$,即临界表观雷诺数随管径增大也呈指数递增,流动状态不同时,递增指数不同:层流时,递增指数为 2.11;紊流时,递增指数为 1.63。

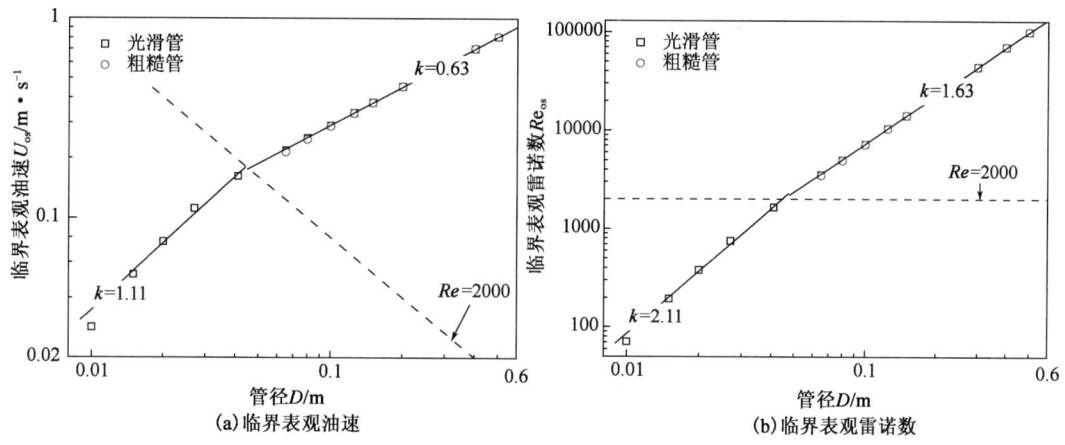

图 3.22 $\tilde{h}=0.05$ 时水塞模型预测粗糙管、光滑管的临界表观油速以及临界表观雷诺数

3.5 本章小结

本章提出了一种描述水平管段内油流携水系统流动特性的水相厚度分布模型,即水塞模型。采用油水界面稳定性模型、水塞模型以及分散流模型对水平管路内油流携水问题进行了分析,发现油水界面稳定性准则和分散流模型过大地预测了测试系统的临界表观油速(进入上倾管段水量不为零时的最小表观油速,即第一临界表观油速);而水塞模型对测试系统第一临界表观油速的预测与实测数据的最大误差为 25.0%,因此,采用水塞模型可分析水平管段内油流携水系统的流动特性。

同时,还将三种机理分别应用于大管径水平管路系统,分析了大管径管路油流携水系统的临界条件,发现水塞模型仍可给出有意义的预测。

采用水塞模型可预测水平管段中在油流剪切作用下水相厚度在油相流动方向上的分布,根据水相厚度分布及界面稳定性准则可对积水进入上倾管段的临界条件进行分析,同时预测进入上倾管段的最大水量。分析发现:

(1)水平管段中积水在油流剪切作用下聚集至管段下游,管段上游出现无水段。因积水界面处受到油流剪切作用较大,使水相厚度沿流动方向呈上游小、下游大的梯度分布。根据界面稳定性准则可计算某一表观油速下界面稳定时的最大水相厚度,若水相厚度最大值小于此值,则界面无波动;若水相厚度最大值大于此值,则界面产生波动;若水相厚度最大值达到临界值,则水相厚度变化梯度趋于无穷大,积水迅速上涌、形成水塞。

(2)若管径、水相截面含率相同,随着表观油速的增大,水平管段中无水段长度增大,水相厚度变化梯度也增大。若表观油速增大至一定程度后,可形成水塞。表观油速越大,积水受到的剪切作用越大,则进入上倾管段的水量越多。

(3)若管径、油相流量相同,若水相截面含率增大,则水平管段中无水段长度减小,同一位置处水相厚度增大。因此,水相厚度最大值越接近临界值、越易形成水塞,进入上倾管段的水量也越多;同时,塞尾水相厚度的分布不随水量变化而变化。

(4)若水相截面含率相同,临界表观油速随管径增大而指数增大,其递增指数与流态有关:紊流时为0.63,层流时还取决于水相截面含率,水相截面含率越大,则递增指数越大。因此,携带相同水相截面含率的水量时,管径越大需要的油相流量越大。

(5)通过分析物性参数对油流携水系统流动特性的影响发现,随油相密度、黏度增大,油流对积水的剪切作用增强,即油流携水能力增强,则临界表观油速减小,且黏度的影响大于密度。因此,原油管道中,因原油黏度较大,其对水试压后残存在管道中水的携带能力较强,这可以解释实际工业管道中,原油管道不存在过滤器、减压阀等的阻塞现象。对于天然气管道,若要排除管道中的积液以防止水合物的产生,需要的临界速度必然很大。

若以水平管段的分析结果为基础,可对进入上倾管段后油流携水系统的流动特性进行进一步分析,详见第4章。

参 考 文 献

[1] Trallero J L. Oil－water flow patterns in horizontal pipes [D]. Tulsa:The University of Tulsa,1995.

[2] Torres－Monzon Carlos F. Modeling of oil－water flow in horizontal and near horizontal pipes [D]. Tulsa:The University of Tulsa,2006.

[3] Barnea D,Taitel Y. Structural and interfacial stability of multiple solutions for stratified flow [J]. Int. J. Multiphase Flow,1992,18(6):821－830.

[4] Brauner N,Maron D M. Stability analysis of stratified liquid－liquid flow [J]. Int. J. Multiphase Flow,1992,18(1):103－121.

[5] Ullmann A,Zamir M,Gat S,et al. Multi－holdups in co－current stratified flow in inclined tubes [J]. Int. J. Multiphase Flow,2003,29(10):1565－1581.

[6] Barnea D. A unified model for prediction flow pattern transitions in the whole range of pipe inclination [J]. Int. J. Multiphase Flow,1987,13(1):1－12.

[7] Taitel Y,Dukler A E. A model for prediction of flow regime transitions in horizontal and near horizontal gas－liquid flow [J]. AIChE J.,1976,22(1):47－55.

[8] 张丽娜. 油水两相水平管流动规律研究[D]. 南充:西南石油大学,2005.

[9] Brauner N,Maron D M. Stability of two－phase stratified flow as controlled by laminar/turbulent transition [J]. Int. Comm. Heat mass transfer,1994,21(1):65－74.

[10] Brauner N,Maron D M. Analysis of stratified/nonstratified transitional boundaries in horizontal gas－liquid flows [J]. Chem. Eng. Science,1991,46(7):1849－1859.

[11] Brauner N,Maron D M. Analysis of stratified/nonstratified transitional boundaries in inclined gas－liquid flows [J]. Int. J. multiphase flow,1992,18(4):541－557.

[12] Brauner N,Maron D M. The role of interfacial shear modeling in predicting the stability of stratified two－phase flow [J]. Chemical Engineering Science,1993,48(16):2867－2879.

[13] Brauner N,Maron D M. Dynamic model for the interfacial shear as a closure law in two－fluid models [J]. Nuclear Engineering and Design,1994,149(1－3):67－79.

[14] Ulmann A,Brauner N. Closure relations for two－fluid models for two－phase stratified smooth and stratified wavy flows [J]. Int. J. Multiphase Flow,2006,32(1):82－105.

[15] Shi Hua. A study of oil－water flows in large diameter horizontal pipelines [D]. Ohio,Athens:Ohio University,2001.

[16] Andreussi P, Persen L N. Stratified gas – liquid flow in downwardly inclined pipes [J]. Int. J. Multiphase Flow, 1987,23(4): 565 – 575.

[17] Teitel Y, Barnea D, Dukler A E. Modeling flow pattern transitions for steady upward gas – liquid flow in vertical tubes [J]. AIChE J., 1980,26(3): 345 – 354.

[18] Barnea D. A unified model for predicting flow – pattern transitions for the whole range of pipe inclinations [J]. Int. J. Multiphase Flow,1987,11(1): 1 – 12.

[19] Barnea D, Shoham O, Teitel Y. Gas – liquid flow in inclined tubes: flow pattern transitions for upward flow [J]. Chem. Eng. Sci., 1985,40(1): 131 – 136.

[20] Chen X T, Cai X D, Brill J P. A general modle for transition to dispersed bubble flow [J]. Chem. Eng. Sci., 1997,52(23): 4373 – 4380.

[21] Brauner N, Maron D M. Flow pattern transitions in two – phase liquid – liquid horizontal tubes [J]. Int. J. Multiphase Flow,1992,18(1): 123 – 140.

[22] Brauner N, Maron D M. Identification of the range of 'small diameter' conduits regarding two – phase flow patterns transitions [J]. Int. Comm. Heat Mass Transfer,1992,19(1): 29 – 39.

[23] 吴铁军,郭烈锦,刘文红,等.水平管内油水两相流流型及其转换规律研究[J].工程热物理学报,2002,23(4):491 – 494.

[24] 吴铁军.水平管内油水两相流动特性研究[D].西安:西安交通大学,2001.

[25] Brauner N. The prediction of dispersed flows boundaries in liquid – liquid and gas – liquid systems [J]. Int. J. Multiphase Flow,2001,27(5): 885 – 910.

[26] Ullmann A, Brauner N. The prediction of flow pattern maps in mini channels [A]. Prof. of the 4th Japanese – European Two – phase Flow Group Meeting [C]. Kanbaikan,Kyoto,2006: 1 – 9.

[27] Haland S E. Simple and explicit formulas for the friction factor in turbulent pipe flow [J]. J. Fluids Eng., 1983,105(1): 89 – 90.

[28] 管壁粗糙度[EB/OL]. http://www.efunda.com/formulae/fluids/roughness.cfm,2010,5.

第4章 上倾管段内油流携水理论分析

由第3章分析水平管段内油流携水系统的流动特性可知,积水在油流剪切作用下聚集至水平管段下游,界面呈梯度分布,水相厚度达到临界值后可形成水塞,并根据水塞模型以及分层流界面稳定性判定准则得到了进入上倾管段的最大水量。为分析上倾管段不同位置处的出水量,需进一步分析积水进入上倾管段后的分布形态。根据第3章假设水塞稳定时与实测数据的比较可知,水平管段形成的水塞进入上倾管段后不能稳定前行,而是在重力、剪切力、表面张力等作用下重新分布,可能出现的分布形态有如下两种:

(1)以不稳定水塞形式运动,称为不稳定水塞模型。在水塞向前运动过程中,不断有水由塞体流入塞尾,因水塞塞前没有水补充,塞体不断减小,同时塞尾不断变长,塞体与油流以相同的速度向前运动。

(2)以近壁面的偏心大水滴形式运动,称为偏心大水滴模型。在重力等作用下,水塞消失,变为贴近壁面的偏心大水滴,其运动速度取决于大水滴受到的剪切力以及其自身的重力。

下面分别对上述两种模型进行分析,并与实测数据进行比较。通过比较确定上倾管段内油流携水系统的流动特性。

4.1 不稳定水塞模型

假设由水平管段计算得到的进入上倾管段的水在油流冲刷作用下全部进入上倾管段,其状态如图4.1(a)所示。假设水塞由塞体及塞尾组成,并忽略水塞内的油泡,即图中阴影部分全部为水,l_1 为塞体长度,β 为上倾管段倾角,z 为流动方向。下面分别对塞体体积在流动方向上的变化以及塞尾内水相厚度的分布进行分析。

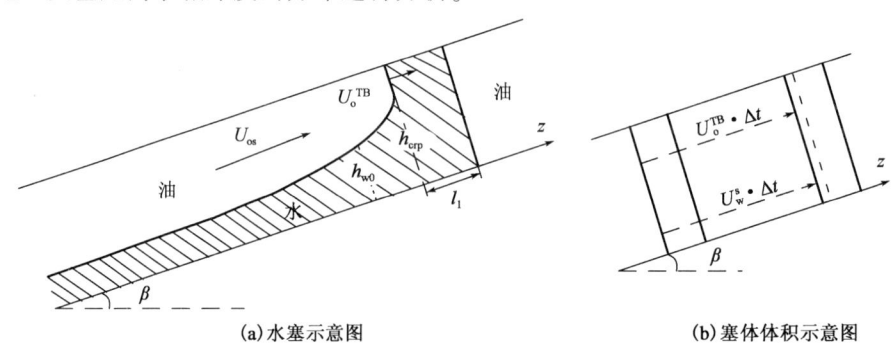

(a)水塞示意图   (b)塞体体积示意图

图4.1 上倾管段中运动坐标系及水塞示意图

4.1.1 塞体体积

在图4.1(a)所示油水两相管流中,取运动坐标系,原点固定在塞体上(图中 $h=h_{\mathrm{crp}}$ 处),以 $U_{\mathrm{o}}^{\mathrm{TB}}$ 沿流动方向运动[1]。塞体在上倾管段运动过程中,不断有水流入塞尾,而塞前没有水补充进入塞体,使其长度 l_1 越来越小,如图4.1(b)所示,则上倾管段某位置 l 处塞体体积的减小量 $V_{\mathrm{w}l}$ 为

$$V_{\mathrm{w}l} = A(U_{\mathrm{o}}^{\mathrm{TB}} - U_{\mathrm{w}}^{\mathrm{s}})\frac{l}{U_{\mathrm{os}}} \tag{4.1}$$

式中　A——管段横截面积,m^2;

　　　$U_{\mathrm{w}}^{\mathrm{s}}$——塞体的运动速度,等于表观油速 U_{os},$\mathrm{m \cdot s^{-1}}$;

　　　l——上倾管段上某位置距水平管段右端点的距离,m。

式(4.1)仅适用于 $(U_{\mathrm{o}}^{\mathrm{TB}} - U_{\mathrm{w}}^{\mathrm{s}}) > 0$ 的情况。假设水塞塞体的初始体积等于由水平管段进入上倾管段的水量 V_{e},则上倾管段位置 l 处水塞塞体的体积 V_{ws} 为

$$V_{\mathrm{ws}} = V_{\mathrm{e}} - Al\left(\frac{U_{\mathrm{o}}^{\mathrm{TB}}}{U_{\mathrm{os}}} - 1\right) \tag{4.2}$$

4.1.2 塞尾水相厚度分布

4.1.2.1 水相厚度分布方程

在图4.1(a)所示坐标系中,假设流动充分发展,采用莱布尼兹(Leibnitz)法则简化油水两相动量方程,分别为

$$-\rho_{\mathrm{w}}(U_{\mathrm{o}}^{\mathrm{TB}} - U_{\mathrm{w}})\frac{\mathrm{d}U_{\mathrm{w}}}{\mathrm{d}z} = -\frac{\tau_{\mathrm{w}} S_{\mathrm{w}}}{A_{\mathrm{w}}} + \frac{\tau_{\mathrm{i}} S_{\mathrm{i}}}{A_{\mathrm{w}}} - \rho_{\mathrm{w}} g \sin\beta - \frac{\mathrm{d}P_{\mathrm{iw}}}{\mathrm{d}z} - \rho_{\mathrm{w}} g \cos\beta \frac{\mathrm{d}h}{\mathrm{d}z} \tag{4.3}$$

$$0 = -\frac{\tau_{\mathrm{o}} S_{\mathrm{o}}}{A_{\mathrm{o}}} - \frac{\tau_{\mathrm{i}} S_{\mathrm{i}}}{A_{\mathrm{o}}} - \rho_{\mathrm{o}} g \sin\beta - \frac{\mathrm{d}P_{\mathrm{io}}}{\mathrm{d}z} - \rho_{\mathrm{o}} g \cos\beta \frac{\mathrm{d}h}{\mathrm{d}z} \tag{4.4}$$

将式(4.4)与式(4.3)作差,并利用杨氏—拉普拉斯(Young-Laplace)方程式(3.17),忽略高阶项,即界面压力项,得

$$\begin{aligned}&\rho_{\mathrm{w}}(U_{\mathrm{o}}^{\mathrm{TB}} - U_{\mathrm{w}})\frac{\mathrm{d}U_{\mathrm{w}}}{\mathrm{d}z} \\ &= -\frac{\tau_{\mathrm{o}} S_{\mathrm{o}}}{A_{\mathrm{o}}} - \tau_{\mathrm{i}} S_{\mathrm{i}}\left(\frac{1}{A_{\mathrm{o}}} + \frac{1}{A_{\mathrm{w}}}\right) + \frac{\tau_{\mathrm{w}} S_{\mathrm{w}}}{A_{\mathrm{w}}} + \Delta\rho g\sin\beta + \Delta\rho g\cos\beta\frac{\mathrm{d}h}{\mathrm{d}z}\end{aligned} \tag{4.5}$$

根据水相连续性方程,得水相速度为

$$U_{\mathrm{w}} = U_{\mathrm{o}}^{\mathrm{TB}}\left(1 - \frac{1}{\varepsilon}\right) + \frac{U_{\mathrm{os}}}{\varepsilon} \tag{4.6}$$

其中

$$\varepsilon = 4A_{\mathrm{w}}/(\pi D^2)$$

式中 ε——水相截面含率。

将水相速度对 z 求导,得

$$\frac{\mathrm{d}U_\mathrm{w}}{\mathrm{d}z} = \frac{U_\mathrm{o}^\mathrm{TB} - U_\mathrm{os}}{\varepsilon^2 A} \cdot \frac{\mathrm{d}A_\mathrm{w}}{\mathrm{d}h} \cdot \frac{\mathrm{d}h}{\mathrm{d}z} \tag{4.7}$$

将式(4.6)、式(4.7)代入式(4.5),整理得上倾管段塞尾水相厚度分布公式,将其无量纲化得

$$\frac{\mathrm{d}\tilde{h}}{\mathrm{d}\tilde{z}} = \frac{\dfrac{\tau_\mathrm{w}\tilde{S}_\mathrm{w}}{\tilde{A}_\mathrm{w}} - \dfrac{\tau_\mathrm{o}\tilde{S}_\mathrm{o}}{\tilde{A}_\mathrm{o}} - \tau_\mathrm{i}\tilde{S}_\mathrm{i}\left(\dfrac{1}{\tilde{A}_\mathrm{o}} + \dfrac{1}{\tilde{A}_\mathrm{w}}\right) + \Delta\rho gD\sin\beta}{\dfrac{(U_\mathrm{o}^\mathrm{TB} - U_\mathrm{os})^2 \tilde{A}^2 \rho_\mathrm{w}}{\tilde{A}_\mathrm{w}^3} \dfrac{\mathrm{d}\tilde{A}_\mathrm{w}}{\mathrm{d}\tilde{h}} - \Delta\rho gD\cos\beta} \tag{4.8}$$

将管段横截面积以及水相流通面积对水相厚度的导数代入式(4.8),得水相厚度的分布公式为

$$\frac{\mathrm{d}\tilde{h}}{\mathrm{d}\tilde{z}} = \frac{\dfrac{\tau_\mathrm{w}\tilde{S}_\mathrm{w}}{\tilde{A}_\mathrm{w}} - \dfrac{\tau_\mathrm{o}\tilde{S}_\mathrm{o}}{\tilde{A}_\mathrm{o}} - \tau_\mathrm{i}\tilde{S}_\mathrm{i}\left(\dfrac{1}{\tilde{A}_\mathrm{o}} + \dfrac{1}{\tilde{A}_\mathrm{w}}\right) + \Delta\rho gD\sin\beta}{\dfrac{\pi^2 \rho_\mathrm{w}(U_\mathrm{o}^\mathrm{TB} - U_\mathrm{os})^2}{16\tilde{A}_\mathrm{w}^3}\tilde{S}_\mathrm{i} - \Delta\rho gD\cos\beta} \tag{4.9}$$

4.1.2.2 坐标系运动速度

坐标系的运动速度 U_o^TB 是分析上倾管段内塞体体积以及水塞塞尾水相厚度分布的前提。若将水塞塞尾区域的油相看成泰勒泡,则其运动速度等于坐标系的运动速度 U_o^TB。根据1962年 Nicklin 等[2]提出的泰勒泡运动速度计算公式,坐标系运动速度可表示为

$$U_\mathrm{o}^\mathrm{TB} = C_\mathrm{s} \cdot U_\mathrm{os} + U_\mathrm{oB} \tag{4.10}$$

式中 C_s——经验常数,取决于泰勒泡前水塞的速度分布;

U_oB——在静止水相中油泡的上升速度(取决于系统的 Eo 数等),$\mathrm{m \cdot s^{-1}}$。

虽有学者提出了倾斜管中泰勒气泡在水相中的运动速度公式[3-4],但泰勒油泡在水相中的运动速度计算未见报道。将式(4.10)代入式(4.2),得上倾管段两位置 l_A、l_B 处塞体体积(分别记为 V_ws1、V_ws2,且 $l_\mathrm{A} < l_\mathrm{B}$,$V_\mathrm{ws1} > V_\mathrm{ws2}$)分别为

$$V_\mathrm{ws1} = V_\mathrm{e} - \left(C_\mathrm{s} - 1 + \frac{U_\mathrm{oB}}{U_\mathrm{os}}\right) \cdot Al_\mathrm{A} \tag{4.11.1}$$

$$V_\mathrm{ws2} = V_\mathrm{e} - \left(C_\mathrm{s} - 1 + \frac{U_\mathrm{oB}}{U_\mathrm{os}}\right) \cdot Al_\mathrm{B} \tag{4.11.2}$$

将式(4.11.1)与式(4.11.2)作差,整理得

$$\frac{\Delta V}{A \cdot \Delta l} = C_\mathrm{s} - 1 + \frac{U_\mathrm{oB}}{U_\mathrm{os}} \tag{4.11.3}$$

式中，$\Delta V = V_{ws1} - V_{ws2}$，mL；$\Delta l = l_B - l_A$，m；$\Delta V/\Delta l$ 为上倾管段相距 Δl 的两位置处塞体体积的差值，mL·m^{-1}。

根据不同表观油速时上倾管段不同位置处出水量的实测值，借助式(4.11.3)可计算出参数 C_s 和 U_{oB}。以管径 $D=27$mm 管路系统为例，根据实测结果对其进行拟合，如图4.2所示，横轴为表观油速的倒数，纵轴为 $\Delta V/(A \cdot \Delta l)$，得到的斜率与截距分别为 0.003 和 −0.013（决定因子 $R^2 = 0.54$），则参数 C_s 和 U_{oB} 分别为 0.987 和 0.003，则坐标系的运动速度 U_o^{TB} 为 $(0.987 U_{os} + 0.003)$ m·s^{-1}。

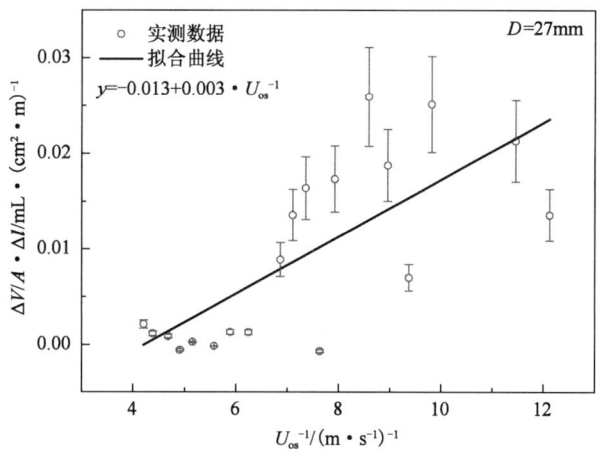

图 4.2 参数 C_s 和 U_{oB} 的求解示意图

将坐标系运动速度 U_o^{TB} 代入塞体体积计算公式(4.2)，得

$$V_{ws} = V_e - Al\left(\frac{0.003}{U_{os}} - 0.013\right) \tag{4.12}$$

适用范围为 $U_{os} < 0.23$m·s^{-1}。由式(4.12)可知，同一表观油速时，水塞塞体体积随上倾管段距水平管段的距离 l 增大而减小；上倾管段同一位置处的水塞塞体体积随表观油速的增大而增大。

已知坐标系的运动速度 U_o^{TB} 后，根据第3章中式(3.22)、式(3.23)分别给出的圆管中油水两相的流通面积、湿周、界面湿周等几何参数，以及剪切应力等运动参数的计算公式，结合物性参数通过对式(4.9)进行数值积分可得到塞尾水相厚度分布。

4.1.2.3 临界水相厚度

根据塞尾水相厚度梯度公式(4.9)，其分母为两相惯性项与重力项之差，存在一个水相厚度满足两者相等，称为临界水相厚度（为区别第3章中的临界水相厚度 h_{cr}，记为 h_{crp}）。将水相流通面积、界面湿周等参数代入式(4.9)的分母，并令其等于零，则临界水相厚度求解式为

$$\frac{4\pi^2(0.003 - 0.013U_{os})^2 \cdot \sin[\arccos(1-2\tilde{h}_{crp})]}{\left\{\arccos(1-2\tilde{h}_{crp}) - \frac{1}{2}\sin[2\arccos(1-2\tilde{h}_{crp})]\right\}^3} = \frac{\Delta\rho g D\cos\beta}{\rho_w} \tag{4.13}$$

由式(4.13)可知，已知管径、倾角和两相密度后，临界水相厚度仅取决于表观油速。这里

仅给出 $U_{os} < 0.23\text{m}\cdot\text{s}^{-1}$ 时的临界水相厚度随表观油速的变化曲线,如图 4.3 所示。可看出,临界水相厚度随表观油速和管径的增大而减小。

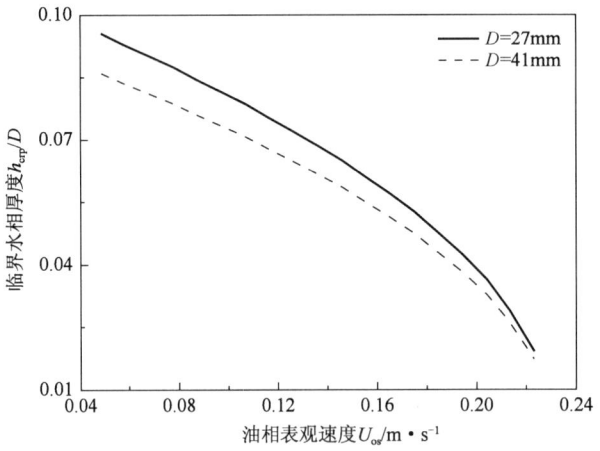

图 4.3 临界水相厚度随表观油速的变化

4.1.2.4 零水速水相厚度

假设塞尾内速度小于零的水全部回流,则上倾管段某位置处的出水量 V_{out} 等于此位置处塞尾内速度大于零的水相体积与塞体体积之和。由水相速度 U_w 的计算公式(4.6)可知 $U_w = 0$ 时的水相厚度(称为零水速水相厚度,记为 h_{w0})为

$$0.987U_{os} + 0.003 + \frac{(0.013U_{os} - 0.003)\pi}{\arccos(1 - 2\tilde{h}_{w0}) - \frac{1}{2}\sin[2\arccos(1 - 2\tilde{h}_{w0})]} = 0 \quad (4.14)$$

由式(4.14)可知,零水速水相厚度 $\tilde{h}_{w0}$ 与管径无关,仅取决于管中表观油速。式中第三项的分母恒大于零,因此当 $U_{os} \geqslant 0.23\text{m}\cdot\text{s}^{-1}$ 时,其左边的值恒大于零,式(4.14)无解,因此,求解 h_{w0} 的范围为 $U_{os} < 0.23\text{m}\cdot\text{s}^{-1}$。

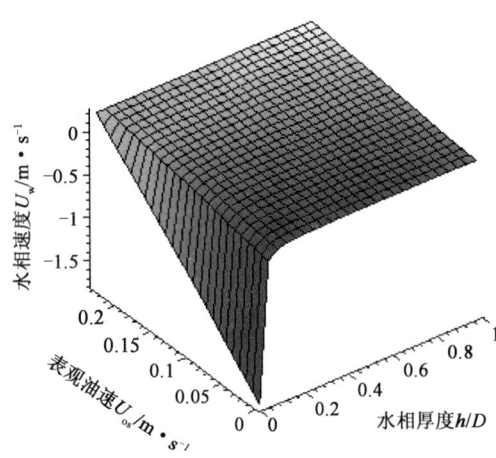

图 4.4 水相速度随水相厚度及表观油速的变化

若 $0 < U_{os} < 0.23\text{m}\cdot\text{s}^{-1}$,水相速度随水相厚度及表观油速的变化如图 4.4 所示,可知水相速度随水相厚度增大而增大,因此,若水相厚度 $h > h_{w0}$,则水相速度大于零;若水相厚度 $h \leqslant h_{w0}$,则水相速度小于等于零。

若 $U_{os} \geqslant 0.23\text{m}\cdot\text{s}^{-1}$,塞尾内水相速度恒大于零,进入上倾管段的水均可被携带出来,即 $V_{out} = V_e$。如图 4.5 所示为零水速水相厚度随表观油速的变化曲线,发现 $\tilde{h}_{w0}$ 随 U_{os} 增大而减小,且其减小速率随 U_{os} 增大而减小,即表观油速增大,油流对积水的剪切作用增强,水相塞尾内速度大于零的水量增大。

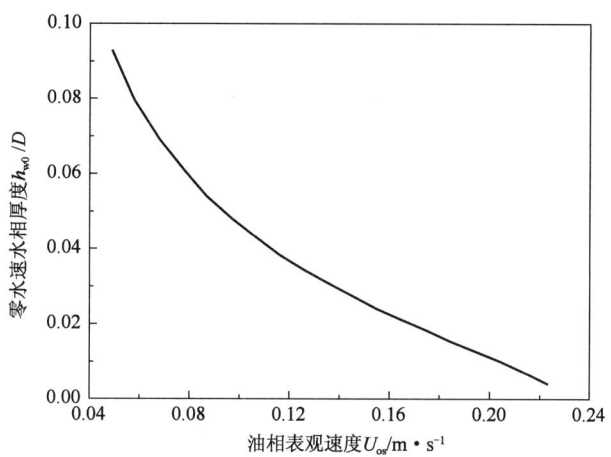

图 4.5 零水速水相厚度随表观油速的变化曲线

4.1.3 上倾管段不同位置处的出水量

根据塞尾水相厚度分布公式(4.9),结合几何参数计算公式(3.22)、运动参数计算公式(3.23)以及两相物性参数,可对水相厚度进行数值求解;同时根据式(4.6)可计算塞尾内某一位置处水相的运动速度,由塞体体积公式(4.2)可计算出上倾管段任意位置处塞体内水相的体积。若 $U_{os} < 0.23 \text{m} \cdot \text{s}^{-1}$,出水量为塞体体积与塞尾内水相速度大于零的体积之和;若 $U_{os} \geq 0.23 \text{m} \cdot \text{s}^{-1}$,出水量将发生跳变,塞尾内水相速度恒大于零,进入上倾管段的水量 V_e 可全部被油流携带出来。

4.1.3.1 数值积分区间

若水相厚度等于临界值,则水相厚度梯度趋于无穷大,无法进行数值计算,则数值计算下限可取略小于临界水相厚度的水相厚度(如 $\tilde{h}_{crp} - j, j = 1 \times 10^{-6}$);因水相速度小于零时的水发生回流,取水相运动速度等于零时的水相厚度 $\tilde{h}_{w0}$ 为数值计算的上限,即数值积分从略小于临界水相厚度的一个水相厚度值到零水速水相厚度 $\tilde{h}_{w0}$ 沿 $-z$ 方向进行。

4.1.3.2 模型求解及计算结果

(1)塞尾内水相厚度在流动方向上的分布。

已知几何参数、物性参数及油相流速等运动参数后,在求解区间 $[\tilde{h}_{w0}, \tilde{h}_{crp} - j]$ 内,采用四阶龙格库塔(Runge-Kutta)方法对水相厚度分布公式(4.9)沿 $-z$ 方向进行数值积分,可得到塞尾内水相速度大于等于零时的水相厚度在流动方向上的分布。图4.6为管径27mm管路系统不同表观油速时,塞尾在积分区间内的水相厚度分布图,$z=0$ 为坐标系原点,$z<0$ 为塞尾,$z>0$ 为塞体,且坐标系运动速度随表观油速增大而增大。因塞尾内速度小于零的水相完全回流,故图4.6中仅给出塞尾内速度大于等于零时的水相厚度在流动方向(z方向)上的分布。

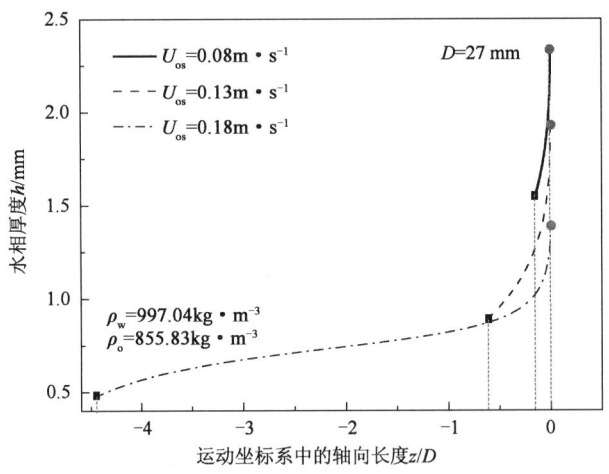

图 4.6 $[\tilde{h}_{w0}, \tilde{h}_{crp} - j]$ 内的界面分布图

图 4.6 中圆点、方点分别表示某一油相流速时的积分上、下限:临界水相厚度及零水速水相厚度。可看出,积分上、下限均随表观油速的增大而减小,塞尾内速度大于零的水相体积随表观油速的增大而增大。

(2)塞体内水相体积。

由上倾管段某位置 l 处水塞塞体体积计算式(4.12)可知,$U_{os} < 0.23 \text{m} \cdot \text{s}^{-1}$ 时,$0 \leq V_{ws} < V_e$。在某一表观油速下,随着水塞不断沿上倾管段向前运动,塞体内水相体积逐渐减小,若在上倾管段位置 $l = l_0$ 处恰好满足塞体体积等于零,则水塞塞体消失,水塞塞体内的水全部流入塞尾。l_0 满足:

$$V_e = A\left(-0.013 + \frac{0.003}{U_{os}}\right) \cdot l_0 \quad (4.15)$$

若 $U_{os} < 0.23 \text{m} \cdot \text{s}^{-1}$,若不计塞尾内速度大于零的水量,则 $l < l_0$ 时,出水量大于零;$l \geq l_0$ 时出水量等于零。

由水平管段的分析结果可知,注入水平管段的水量 V_w 不同时,在相同表观油速的剪切作用下,进入上倾管段的水量 V_e 不同。根据上述对上倾管段的分析可看出,积水进入上倾管段后,水塞塞尾水相厚度在积分区间内的分布不因水量 V_w 不同而变化。这意味着若 U_{os} 不变,注入水平管段的水量 V_w 改变时,塞尾内速度大于零的水量不发生变化,仅塞体体积和塞尾内速度小于零的水相体积随之改变。水塞沿上倾管段向上运动,塞体内水相体积不断减小,不论塞体运动至何处,图 4.6 中所示的塞尾内水相厚度的分布不会改变,即塞尾中速度大于零的水相体积不变,则上倾管段上不同位置处出水量的差别仅取决于塞体体积的变化。若距水平管段右端点越远,则塞体体积越小,出水量也越小。

4.1.3.3 临界表观油速的比较

根据上述分析,得到水塞在不同表观油速剪切作用下进入上倾管段后水相厚度的分布后,可对上倾管段上不同位置处的出水量 V_{out} 及其相应的临界表观油速(出水量不为零时的最小表观油速)进行分析。结合水平管段的分析结果,水量分别为40mL、25mL、15mL时,1号出口的临界表观油速分别为 $0.06\text{m}\cdot\text{s}^{-1}$、$0.08\text{m}\cdot\text{s}^{-1}$、$0.10\text{m}\cdot\text{s}^{-1}$;2号出口的临界表观油速分别为 $0.08\text{m}\cdot\text{s}^{-1}$、$0.10\text{m}\cdot\text{s}^{-1}$、$0.12\text{m}\cdot\text{s}^{-1}$;3号出口的临界表观油速分别为 $0.09\text{m}\cdot\text{s}^{-1}$、$0.11\text{m}\cdot\text{s}^{-1}$、$0.14\text{m}\cdot\text{s}^{-1}$;4号出口的临界表观油速分别为 $0.11\text{m}\cdot\text{s}^{-1}$、$0.13\text{m}\cdot\text{s}^{-1}$、$0.15\text{m}\cdot\text{s}^{-1}$。根据上述结果分析不同出口的临界表观油速与其距水平管段右端点的距离的关系,发现临界表观油速与其距离呈线性关系:水量越大,临界表观油速越小,也就是说,注入水平管段的水量越多,上倾管段上相同位置处越易出水,相同油速的剪切作用下出水量也越大。将临界表观油速的预测值与实测值进行比较,如图4.7所示,其中横轴 l 为上倾管段某位置距水平管段右端点的轴向距离,纵轴为对应此位置处的临界表观油速,发现预测值与实测值存在较大偏差。

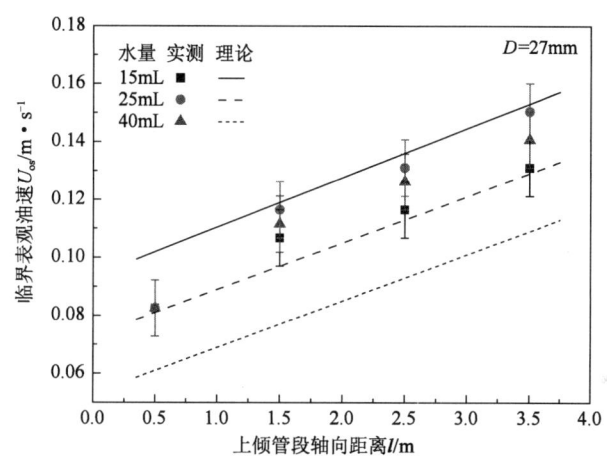

图4.7 上倾管段不同位置处临界油相流量的预测值与实测值比较

4.1.3.4 出水量的比较

将不同表观油速时上倾管段不同位置处出水量的预测值与实测值进行比较,如图4.8所示,表观油速较小时,油流对积水的剪切作用较小,不形成水塞,则出水量为零;随表观油速增大,出水量增大。由图4.8发现,出水量的预测值在 $U_{os}=0.23\text{m}\cdot\text{s}^{-1}$ 时存在跳变,临界表观油速的实测值与预测值也存在偏差(图4.7)。

不稳定水塞模型假设水平管段形成的水塞进入上倾管段并沿上倾管段向上运动,运动过程中水塞塞体中的水因重力不断流入塞尾而使塞体体积逐渐减小,根据塞尾中的水相厚度分布及水相速度求解塞尾中速度大于零的水相体积,通过将不同位置处的塞体体积与塞尾内速度大于零的水相体积相加而得到出水量。通过与实测数据的比较发现,此模型对出水量以及临界油相流量的预测均存在较大误差,且预测结果对运动坐标系的运动速度存在一定的依赖性。因此,积水进入上倾管段后保持水塞形式向上运动的假设不符合实际情况。

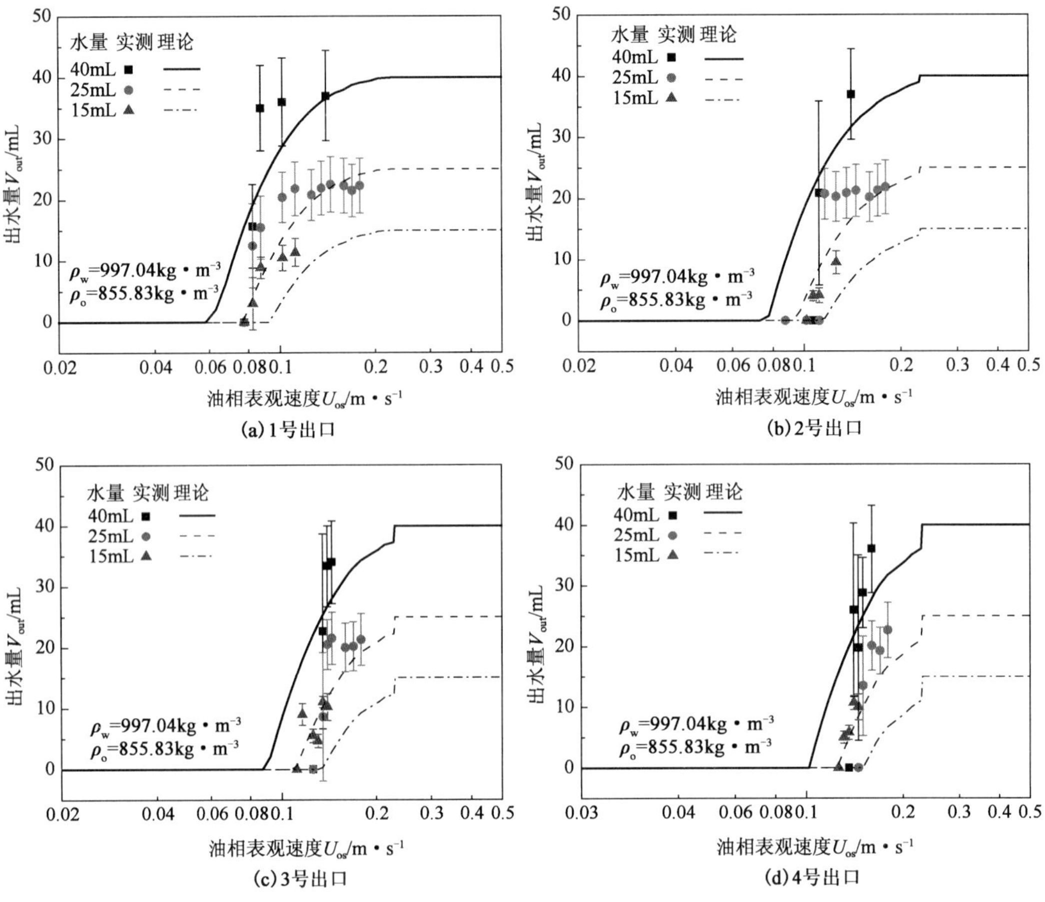

图 4.8　管径 27mm 管路系统中不同位置处出水量随表观油速的变化曲线

4.2　偏心大水滴模型

水平管段形成的水塞被油流冲散,水相以大水滴形式进入上倾管段,因重力作用(两相密度差)贴近管壁向上运动,即以偏心大水滴形式沿上倾管段向上运动,如图 4.9 所示,则大水滴的运动速度决定了某一时间段内上倾管段不同位置处的出水量。在重力作用下,偏心大水滴有与油相逆向流动的趋势,同时在油相剪切作用下,偏心大水滴有与油相同向流动的趋势。

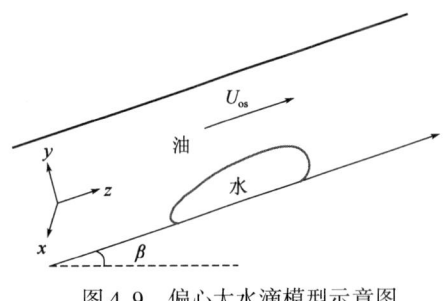

图 4.9　偏心大水滴模型示意图

若偏心大水滴平均速度 U_w 小于零,则水相完全回流,上倾管段任意位置处的出水量均等于零;若偏心大水滴平均速度 U_w 大于零,不同位置处的出水量取决于开阀时间 t,若 t 足够大,则进入上倾管段的积水可全部被携带出来。

4.2.1　偏心大水滴速度的求解

对于偏心大水滴在上倾管段内的运动速度,需借助于实验数据求得。水相平均流速取决于油相对其剪切作用引起的向上的运动速度及其因重力产生的向下的运动速度,由第 2 章可知水相平均流速满足漂移模型(drift flux model),其公式为

$$U_w = C_B U_{os} - U_{wB} \qquad (4.16)$$

式中,U_{wB} 为大水滴在油相中的"漂移速度"(因密度差),C_B 是取决于大水滴前油相速度分布的分布参数。

实验测量了上倾管段不同位置处 5min 内的出水量及其临界表观油速。在临界表观油速下,认为偏心大水滴恰好在 5min 内运动至出水阀所在位置,即偏心大水滴的平均运动速度为

$$U_w = l/300 \qquad (4.17)$$

式中 l——上倾管段不同出水位置距水平管段右端点的轴向距离,m。

根据实测偏心大水滴的平均运动速度与不同位置处的临界表观油速(图 2.11、图 2.16)的关系发现,U_w 与 U_{os} 满足线性关系,则两钢管实验系统中水相平均流速如式(4.18)所示,其中斜率表示偏心大水滴前的油相速度分布对偏心大水滴平均运动速度的影响,截距则为水滴的回流速度。

$$\begin{aligned} U_{w27} &= 0.17 U_{os} - 0.013 \\ U_{w41} &= 0.17 U_{os} - 0.015 \end{aligned} \qquad (4.18)$$

4.2.2 出水量的比较

结合水平管段计算得到的进入上倾管段的水量 V_e,上倾管段上不同出水位置处 5min 内的出水量 V_{out} 可通过水相平均流速公式(4.19)求得,有如下四种情况:(1)若 $V_e = 0$,则 $V_{out} = 0$;(2)若 $V_e > 0$,$U_w < 0$,则 $V_{out} = 0$;(3)若 $V_e > 0$,$U_w > 0$,$t < l/U_w$(l 为上倾管段上出水位置距水平管段右端点的轴向距离),则 $V_{out} < V_e$;(4)若 $V_e > 0$,$U_w > 0$ 且 $t > l/U_w$,则 $V_{out} = V_e$。

实验中,时间 t 均满足 $t > l/U_w$。根据上述分析可对两钢管测试系统上倾管段上不同出口的出水量进行预测,并将其与实测值进行比较,如图 4.10、图 4.11 所示分别为管径 27mm、41mm 测试系统的结果。

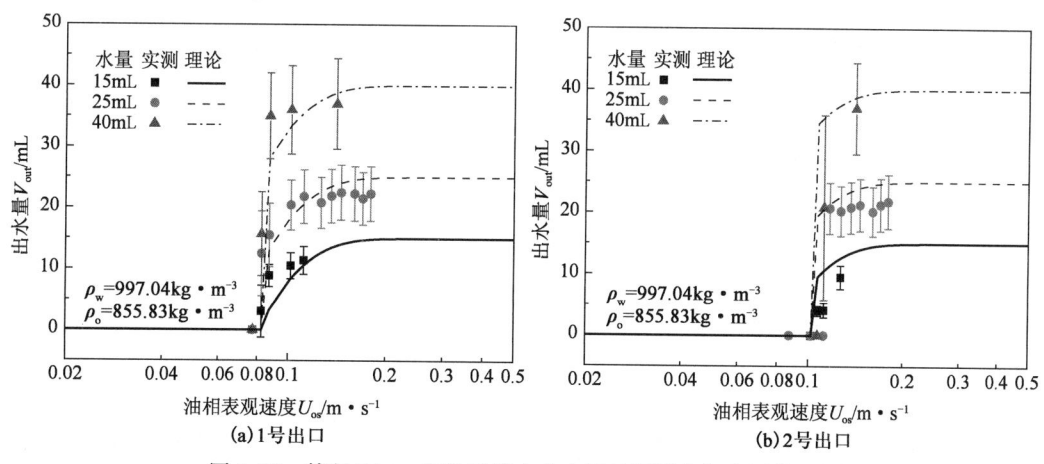

图 4.10 管径 27mm 实验系统中出水量的预测值与实测值比较

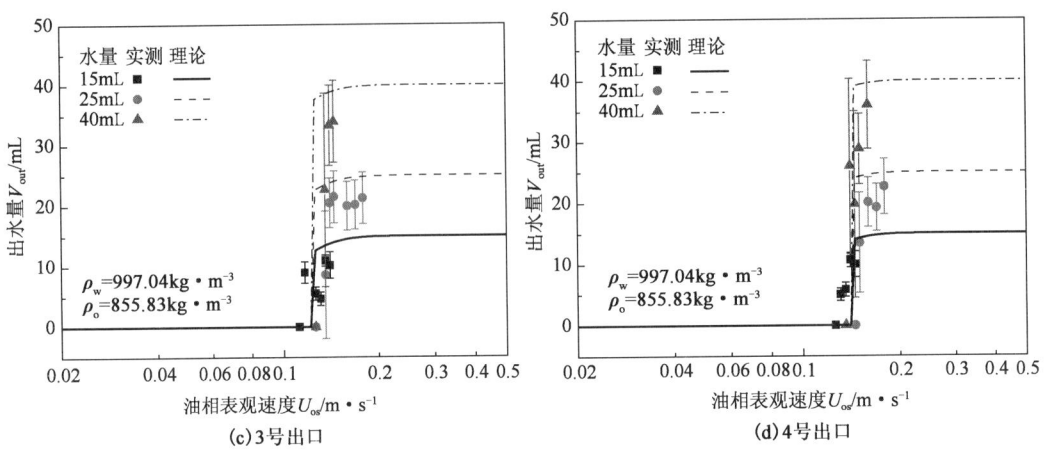

(c) 3号出口　　　　　　　　　　　(d) 4号出口

图4.10　管径27mm实验系统中出水量的预测值与实测值比较(续)

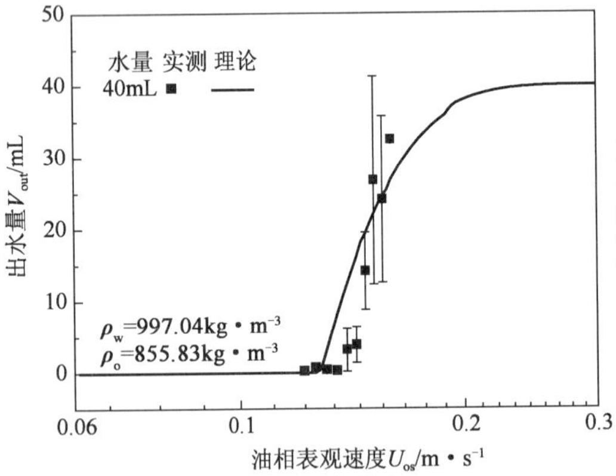

(a) 2号出口 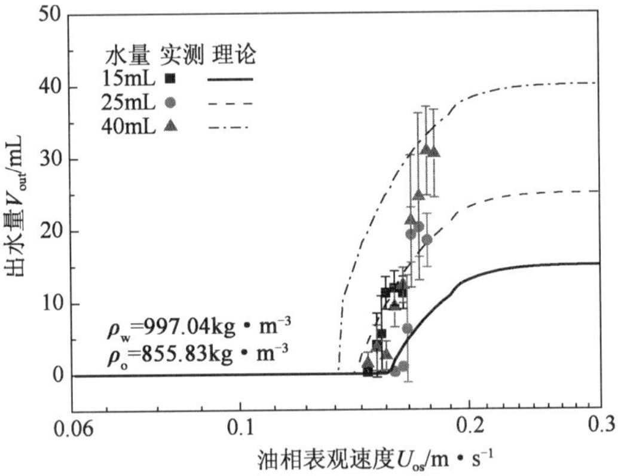　　　　　　　　　　　(b) 3号出口

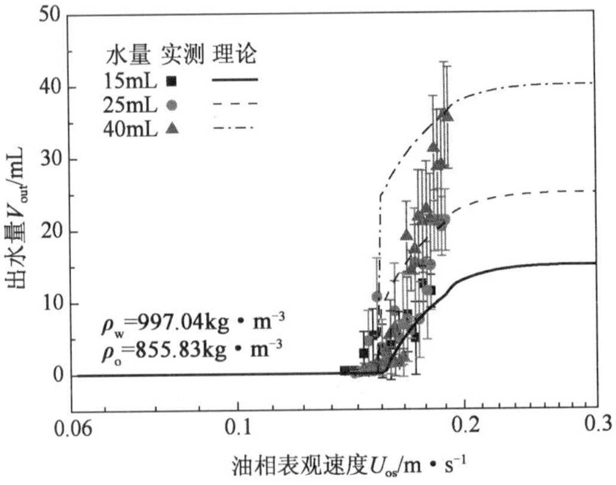

(c) 4号出口

图4.11　管径41mm实验系统中出水量的预测值与实测值比较

由图4.10可看出,对出水量和临界表观油速的预测均与实验数据吻合很好,若油相流量很小,油流对水相的携带作用较小,上倾管段的出水量为零,即使预测得到进入上倾管段的水

量 $V_e>0$,但因油流对积水的剪切作用力不足以克服水相重力而不能将偏心大水滴携带进入上倾管段,此时出水量 V_{out} 仍为零;若流量很大,出水量 V_{out} 应等于水平管段计算得到的能被携带进入上倾管段的全部水量 V_e,约等于注入的水量 V_w,这均与实测数据吻合。另外,实测出水量随表观油速增大会出现跳变,与预测出水量发生跳变的表观油速也基本吻合。然而,因出水孔直径为 6mm,当油相流量很大时,大水滴运动速度也较大,惯性较大的大水滴难以沿出水短管流出而是跃过此出水孔继续向上流动,这就限制了实验范围。当 $V_e>0$,$U_w>0$ 时,在相同时间内偏心大水滴行至距离水平管段右端点越远的出水阀处需要的油相流量越大。若油相流量足够大,出水阀打开时间足够长,注入水平管段的水将全部被携带出来。

由图 4.11 可知,对管径 41mm 管路系统的预测也非常合理。这就说明对于两钢管测试系统,采用漂移模型表示水相速度与表观油速($U_w = C \cdot U_{os} - U_{wB}$)能很好地反映水相平均流速、表观油速以及水相回流速度之间的关系。

4.3 本章小结

基于水塞模型对可进入上倾管段的最大水量的分析,本章对上倾管段内油流携水系统的流动特性进行了分析,分别讨论了水平管段形成的水塞以不稳定水塞形式进入上倾管段及积水在重力作用下重新分布,以偏心大水滴形式进入上倾管段两种情况下的上倾管段不同位置处的出水量,并分别与实验数据进行了比较,发现偏心大水滴模型对其预测与实测数据吻合很好,而不稳定水塞模型的预测偏差很大。

(1) 不稳定水塞模型。

假设水平管段形成的水塞进入上倾管段并沿其上行,塞前没有水补充进入塞体而在重力作用下塞体不断有水流入塞尾,则塞体体积沿上倾管段向上不断减小。根据油水两相的动量方程及连续性方程,对水塞塞尾水相厚度在流动方向上的分布进行了分析。通过求解塞尾水相厚度的分布及水相速度可得到塞尾中速度大于零的水相体积,结合塞体内水相体积可求得上倾管段不同位置处的出水量。通过与实测数据比较发现,对出水量以及临界表观油速的预测均存在较大误差。计算过程中还发现,预测结果对所取运动坐标系的运动速度有一定的依赖性。因此,积水进入上倾管段后保持不稳定水塞的形式向上运动的假设不符合实际情况。

(2) 偏心大水滴模型。

积水在重力等作用下重新分布,以贴近管道下壁面的偏心大水滴形式沿上倾管段上行,其在上倾管段内的运动速度由油相对其剪切作用引起的向上的运动速度及其因重力产生的向下的运动速度共同决定。根据实验数据可知,水相平均流速与油相表观速度呈线性递增关系,即可采用漂移模型分析偏心大水滴的运动速度,发现偏心大水滴的速度相对于表观油速较小。根据偏心大水滴的运动速度及出水量的测量时间,可判断偏心大水滴沿上倾管段前行的距离,进而可分析上倾管段上不同位置处的出水量。通过与实测数据比较发现,对出水量以及临界表观油速的预测均与实测数据吻合很好,且预测结果对偏心大水滴运动速度的依赖性很小,即偏心大水滴模型对上倾管段油流携水系统流动特性的预测表现良好。

对于由下倾、水平、上倾管段组成的测试系统,采用水塞模型分析水平管段可得到进入上倾管段的最大水量。积水进入上倾管段后,在重力作用下重新分布,以偏心大水滴形式存在,采用漂移模型分析偏心大水滴的运动速度能很好地预测上倾管段不同位置处的临界表观油速以及相应的出水量。

参 考 文 献

［1］ Taitel Y,Barnea D. Two‐phase slug flow［J］. Advances in heat transfer,1990,20(1)：83－132.

［2］ Ullmann A,Brauner N. Modeling of gas entrainment from Taylor bubbles. Part A：slug flow［J］. Int J Multiphase Flow,2004,30(3)：239－272.

［3］ Bendiksen K H. An experimental investigation of the motion of the long bubbles in inclined tubes［J］. Int J Multiphase Flow,1984,10(4)：467－483.

［4］ Weber M E. Drift in intermittent two‐phase flow in horizontal pipes［J］. The Canadian J Chemical Engineering,1981,59(3)：398－399.

第5章
油流携水流动特性二维数值模拟

20世纪50年代初期,流体力学的研究方法主要有两种[1]:一是实验研究,即以地面实验为研究手段,借助于因次分析等方法得到流动参数间的经验关系式;另一个是理论分析方法,即利用简化的流动模型,从基本方程式出发,给出所研究问题的简化方程或解析解。然而仅采用这些方法研究复杂非线性流体运动规律是不够的,随着实际的需要,计算流体力学(computational fluid dynamics,即CFD)发展成为流体动力学的第三种研究方法。计算流体力学通过数值方法求解描述流体运动基本规律的非线性方程组,采用数值模拟方法研究流体的运动规律,扩大了流体动力学的研究范围。国内已有许多学者采用此法模拟现场问题,如油水分离技术、复杂流道内流场分析等,都较好地指导了工程实践。其基本思想是:通过离散方法把原来在空间、时间坐标中连续的物理量场(如压力场、速度场、温度场等)用一系列有限个离散点的集合来代替,通过一定规则建立描述这些离散点上变量之间关系的代数方程(即离散方程),最后求解代数方程以获得所求变量的近似值。

有学者采用FLUENT、OpenFOAM等对管道油流携水问题进行数值模拟。Guangli Xu等[2-3]利用FLUENT软件中流体体积函数(VOF)模型、连续界面张力(CSF)模型对水平—上倾管道中积水的携带进行了二维模拟,分析了积水分布形态、油水两相的流线分布、速度分布与剪切应力分布、积水被携带时的临界油速及其影响因素(初始水含量、管径、上倾倾角、两相物性参数),并对影响规律进行了二维数值模拟。许道振等[4]采用FLUENT软件对长1m、管径100mm管段油流携水问题进行了三维模拟,除采用VOF模型、CSF模型,作者在入口油水界面处引入微小波动(界面位置随时间呈正弦函数变化)以分析油水界面是否失稳,并假设水相初始速度与油速成正比,通过时间控制流入管内的水量。2015年,Magnini M等[5]采用OpenFOAM对第2.1.1小节描述的管径27mm测试管路进行了三维建模,利用VOF模型跟踪油水两相界面,对300s内聚集在水平段下游的积水在一定表观速度($0.05 \sim 0.15 \mathrm{m \cdot s^{-1}}$)油流剪切作用下的运动过程进行了模拟,与Guangli Xu等[2]的二维模拟结果一致,说明二维数值模拟虽然无法体现横截面上介质的流动特征,但依旧可较准确地模拟圆管内流体流动过程。同年,Guangli. Xu等[6]采用FLUENT软件对管径50mm管段油流携水问题进行了三维模拟,依然采用VOF模型、CSF模型,流动模型的选取根据油相流态:若为层流,选取层流模型;若为紊流,选取可实现$K\text{-}\varepsilon$模型。采用三阶MUSCL离散格式,对这一模型在油速$0.13 \sim 0.21 \mathrm{m/s}$、含水率$10\% \sim 40\%$范围内的积水分布形态进行了三维数值模拟,模拟结果与测试结果吻合较好。可以看出,基于有限体积法(finite volume method,即FVM)的FLUENT软件对起伏管段中油流携水问题的二维、三维模拟均具有较好的表现。

本章将具体描述采用FLUENT软件对油流携水问题进行二维非稳态数值模拟的详细过

程。采用弹性敷设的成品油管道地形起伏多变,很难对其准确建模。为与已有实验数据进行比较,可根据测试管段特征进行建模,以分析地形起伏管段中油流携水系统的流动特性。

5.1 几何模型及网格划分

5.1.1 几何模型

几何模型的建立可以采用 FLUENT 前处理器 GAMBIT、TGrid、ICEM 等。本节选用 GAMBIT 建立模拟管段的二维模型。由第 2.1 小节可知,测试管段由下倾、水平、上倾三段组成,其几何模型如图 5.1 所示,图中阴影部分表示初始积水分布形态。钢管测试管段采用 SWG - 3B 型手动液压弯管机进行弯管,曲率半径为 $4D$,因此,几何模型曲率半径均取 $4D$。钢管测试系统的几何尺寸为:管径为 27mm、41mm,下倾管段长 1m,水平管段长 0.5m,上倾管段长 4m,下倾倾角为 $3°$,上倾倾角为 $12°$。有机玻璃管测试系统的几何尺寸为:管径 50mm,下倾管段长 1m,水平管段长 1.1m,上倾管段长 4m,下倾倾角为 $3°$,上倾倾角为 $10°$、$15°$、$20°$。积水在油流剪切作用下由地势最低的水平管段进入上倾管段,因此保持水平管段和上倾管段长度不变,适当缩短下倾管段长度以减少计算区域、提高计算效率,这里取下倾管段长度为 0.2m(下倾管段长度对计算结果的影响见第 5.3.6.2 小节)。

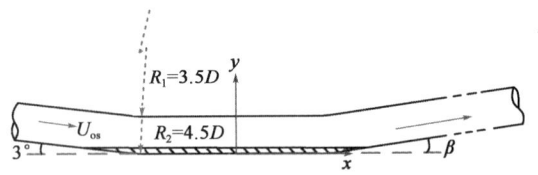

图 5.1 数值模拟采用的测试系统的几何模型示意图
(钢管:$\beta = 12°$;有机玻璃管:$\beta = 10°$、$15°$、$20°$)

5.1.2 网格划分

数值计算与实测数据之间的误差主要有如下几种[7]:物理模型的近似误差、差分方程的截断误差及求解域的离散误差(通常统称为离散误差)、迭代误差(离散方程组的求解方法以及迭代次数所产生的误差)以及舍入误差(计算机存储位数有限所产生的误差)等。在数值计算中,随网格变细,离散误差减小而舍入误差增大,即网格数量并非越多越好,网格太疏或太密均可能产生误差过大的计算结果。若没有实测结果进行比较,需首先大致划分一个网格进行计算,然后加密或疏化网格再进行计算,并与前一次计算结果进行比较。若相差不大,说明此范围内网格的计算结果较为可信,是网格无关的,则可使用粗化网格进行计算以提高计算效率。

网格质量的三个特征为节点分布、光滑性以及网格偏斜,其中前两者表征网格与流场的相关性,偏斜度则表征网格的正交性。为保证数值模拟的计算精度,需保证网格线平行于来流流动方向、壁面处网格线垂直于壁面、网格线相互正交。

5.1.2.1 网格划分策略

网格划分质量直接影响着模拟结果的准确性。为获得质量较高的网格,采用结构化四边形方法进行网格划分,弯头处网格加密。FLUENT软件中约定网格单元的最大宽高比为1~5,根据经验分别取宽高比为2、5时的粗化网格和细化网格。表5.1为四种网格的划分策略及相应的最大宽高比,从上到下分别记为网格1~4。表5.1中时间步长为在管径27mm、表观油速为$0.05\mathrm{m\cdot s^{-1}}$(速度分布为抛物线)、初始水相截面含率为0.14、每一时间步长内最大迭代次数取20时,根据迭代结果的收敛性确定的四种网格的时间步长(时间步长的确定将在第5.2.5小节中进行讨论)。由表5.1可看出,相同初始流场、不同网格计算收敛时的时间步长存在差别:相同宽高比时,细化网格的时间步长比粗化网格的时间步长小;宽高比越小,时间步长越小。由图5.2所示的网格4的局部示意图可看出,所生成的网格线平行于流体流动方向,壁面处网格线垂直于壁面,且网格线相互正交,网格单元无偏斜。因表5.1中的四种网格划分策略均满足上述条件,则网格单元的最大宽高比成为描述网格质量的关键判据。

表5.1 不同网格的网格质量及其在$D=27\mathrm{mm}$、$U_{os}=0.05\mathrm{m\cdot s^{-1}}$时的时间步长

网格编号	网格分类		最大宽高比	时间步长/s
	径向长度/mm	轴向长度/mm		
1	1	2	2	0.015
2	0.5	1	2	0.01
3	1	5	5	0.05
4	0.5	2.5	5	0.02

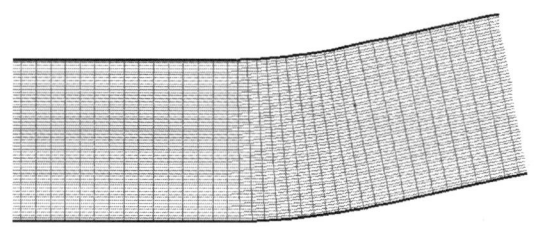

图5.2 网格4的局部示意图

5.1.2.2 计算结果收敛性判断

确定计算结果是否网格无关之前,需保证计算结果收敛。简单地说,判断数值计算收敛性的方法有以下三种[7]:检测残差曲线,流场变量不发生变化,总体质量、动量以及能量等达到平衡。上述三种方法常用于判断定常流场计算结果的收敛性,而分析聚集在起伏管道地势低洼处的积水在上游来流冲击作用下的运动状态,需分析积水的分布形态随时间的变化,属于非定常流动过程。对于非定常流场,计算结果的收敛需通过判断每一时间步长内迭代的收敛性来确定,即判断在一个时间步长内稳态计算的收敛性。通常取每一时间步长内的最大迭代次数为5~20(也有学者取最大迭代次数为50),若取最大迭代次数为20,可通过残差曲线图监视在20次迭代过程中计算的收敛性。在一个时间步长内,若速度等的残差值越来越小、降至指定的收敛判据(如10^{-6}),则认为此时间步长内计算收敛。若前一时间步长的结果收敛,计

算将跳至下一个时间步长,在最大迭代次数内继续收敛,即残差曲线为一组锯齿状曲线时为较合理的非定常流场的收敛结果。

计算收敛与否不仅与时间步长、网格划分有关,还与初始流场、边界条件等的设置有关。初始流场可依据实验条件设置(详见第 5.2.4 小节)。对于非定常流动,流场随时间不断变化,需对计算时间内的收敛性进行实时监测。通过监测收敛判据为绝对误差 10^{-6} 的残差曲线图以及进出口的质量流量相差小于 0.01% 来判断结果的收敛。

5.1.2.3 网格无关性确定

网格划分策略不同可能导致计算收敛后的结果不一致,进行数值模拟前,应首先对网格划分策略进行检验,获得与网格无关的收敛解。也就是,通过比较同一算例、不同网格时的收敛解,确定计算准确、耗时最省的网格划分策略,即网格无关性分析。

忽略油水两相的压缩性以及两相之间的传热、传质,分别采用表 5.1 所述 4 种网格对相同初始流场油流携水时的积水分布形态以及某截面上的速度分布进行比较分析,得到合理且结果网格无关的网格划分策略。以管径 27mm、表观油速 $0.05 \mathrm{m \cdot s^{-1}}$、油—水—固接触角 120°、初始水相截面含率 14% 工况为例,分析相同时刻的流场分布,不同网格的时间步长需根据结果的收敛性进行调整,保证在每一时间步长内计算均收敛。

(1)积水分布形态。

积水的初始分布形态为平铺在测试管段地势最低的水平管段内,初始速度为零。油流以抛物线速度分布进入测试管段,流经水平管段时作用在积水界面上。图 5.3 为 $t=15\mathrm{s}$ 时采用四种网格计算得到的积水分布形态。比较发现,网格 3 得到的积水分布与其他网格的结果差别较大,认为网格 3 不合理。

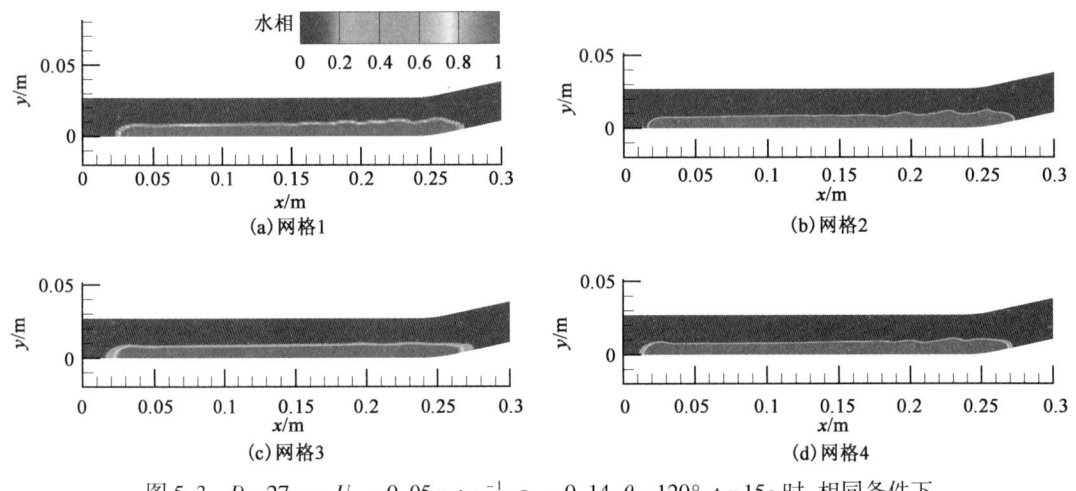

图 5.3 $D=27\mathrm{mm}$、$U_{\mathrm{os}}=0.05\mathrm{m \cdot s^{-1}}$、$\varepsilon_{\mathrm{in}}=0.14$、$\theta=120°$、$t=15\mathrm{s}$ 时,相同条件下不同网格计算得到的积水分布形态

(2)某位置处速度分布。

通过比较积水分布形态发现,除网格 3 外其余三种网格的计算结果相差不大。为进一步确认计算结果是否网格无关,采用其余三种网格对相同初始流场中同一位置处的速度分布进行分析。

若入口速度呈抛物线分布(图5.4),对应图5.3所示的积水分布形态时出口速度分布以及水相内部 $x=0.2$m 位置处的速度分布分别如图5.5、图5.6所示。图5.4~图5.6中 x 轴为 x 方向上的速度分量,y 轴为在局部坐标系中 $x=0.2$m 位置处的无量纲位置(上倾、下倾管段的局部坐标系如图5.7所示,利用坐标的平移旋转公式可求解局部坐标系中点的坐标)。发现,不同网格计算得到的出口处速度分布基本重合,$x=0.2$m 位置处速度分布相差不大:速度最大点位于油相内,水相内部存在回流且界面处速度最大;水相厚度最大误差为3.0%;界面处速度最大误差为 0.018m·s^{-1}。根据上述分析,可知网格1、2、4的计算结果相差不大,可认为其解与网格无关。为提高计算效率,取网格单元最大宽高比为5的网格划分策略,即网格4,对油流携水系统的流动特性进行分析。

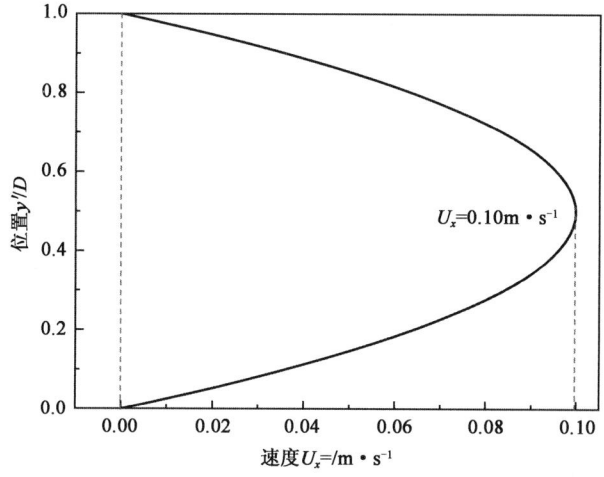

图5.4 表观油速为 0.05m·s^{-1} 时的入口速度分布

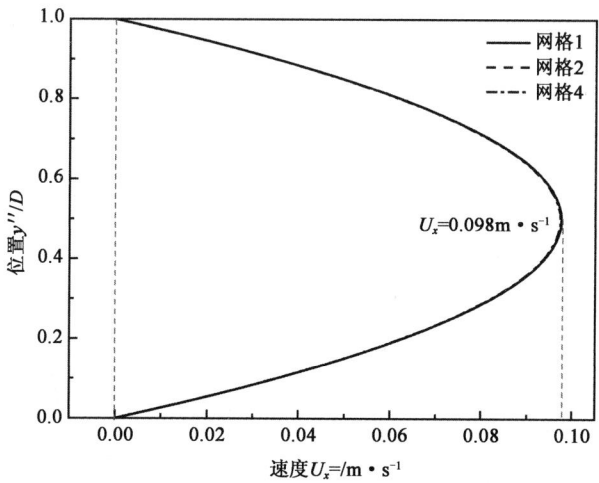

图5.5 采用不同网格模型计算得到的出口速度分布

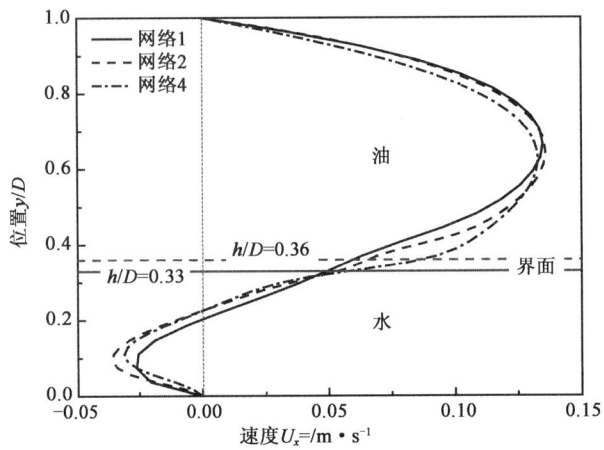

图5.6 采用不同网格模型计算得到的 $x=0.2\mathrm{m}$ 位置处的速度分布

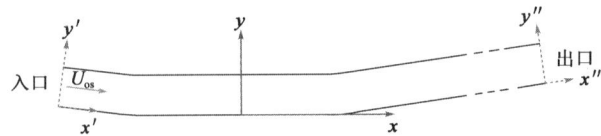

图5.7 全局坐标系与下倾管段、上倾管段的局部坐标系示意图

5.2 数学求解模型

5.2.1 多相流模型

油水两相存在于同一管道中,因密度差较大,两相之间存在明显界面,因此选取流体体积函数(volume of fluid,VOF)模型、连续界面张力(continuum surface force,CSF)模型以及层流流动模型对油流携水问题进行模拟。

5.2.1.1 VOF模型

VOF模型是Hirt和Nichols[8]在1981年提出的一种追踪自由界面的方法,并分析了溃坝和涌浪的自由面以及雷利—泰勒(Rayleigh-Taylor)不稳定现象等问题,均成功模拟了运动界面。此方法在空间网格内定义一个流体体积函数(网格中某种流体占整个网格体积的比值),不包含此流体的网格称为"空"网格,充满此流体的网格称为"满"网格,包含界面的网格称为"半"网格。在任意时刻,已知函数在每个网格单元的值后,可通过某种途径构造运动界面的具体位置。两相共用一套动量方程,计算时在整个流场中每个网格单元内均记录各流体组分所占的体积率。控制方程由连续性方程、动量方程以及体积分数输运方程组成。不考虑相间质量传递和可压缩性,连续性方程和动量方程分别为

$$\frac{\partial \rho}{\partial t} + \nabla \cdot (\rho \boldsymbol{U}) = 0 \tag{5.1}$$

$$\frac{\partial(\rho U)}{\partial t} + \nabla \cdot (\rho UU) = -\nabla P + \rho g + \nabla \cdot \mu[\nabla(U + U^T)] + F_s \quad (5.2)$$

其中
$$\rho = \alpha\rho_w + (1-\alpha)\rho_o;\mu = \frac{\alpha\rho_w\mu_w + (1-\alpha)\rho_o\mu_o}{\alpha\rho_w + (1-\alpha)\rho_o} \quad (5.3)$$

式中 ρ,μ——与流体组分体积率有关的密度、黏度；

F_s——体积力源项。

体积率 α 的输运方程为

$$\frac{\partial \alpha}{\partial t} + \nabla \cdot (\alpha U) = 0 \quad (5.4)$$

因 VOF 函数是阶梯函数，无法采用常规的差分格式进行离散求解，因此需采用重构方法来处理界面。本模拟采用 Young 的界面重构法，即在每个网格单元内利用直线段近似界面；根据网格单元内运动界面的法向量确定运动界面与 x 轴的夹角，由此夹角及体积函数确定单元类型，进而得到直线段的斜率。

5.2.1.2 CSF 模型

Brackbill 等学者[9]在 1992 年求解拉普拉斯方程准确解时提出了一种描述界面张力的数值方法，即 CSF 模型，认为界面张力并非界面处的边界条件，而是作用于界面的一种连续的、三维的作用效应。将有限厚度的流体界面上的界面张力采用数值方法表示为体积力（源项 F_s）的形式，适用于存在界面张力的动态以及静态界面。CSF 模型将界面力以源项形式（附加体积力）引入动量方程：

$$F_s = \frac{\rho \sigma k \nabla \alpha}{(\rho_o + \rho_w)/2} \quad (5.5)$$

其中
$$k = -\nabla \cdot \hat{n}; \hat{n} = n/|n|; n = \nabla \alpha$$

式中，k 为界面曲率，$\hat{n}$ 为界面单位法向量。

界面与管壁的接触线处的法向量由管壁面法线和接触角（壁面处界面的切线和壁面之间的夹角）决定，即：若接触角为 θ_w，则近壁面单元的界面法向量为

$$\hat{n} = \hat{n}_w \cos\theta_w + \hat{\tau}_w \sin\theta_w \quad (5.6)$$

式中 $\hat{n}_w, \hat{\tau}_w$——壁面的单位法向量和单位切向量。

5.2.2 求解器与离散格式

5.2.2.1 求解器的确定

FLUENT 中的分离求解器和耦合求解器均可用于不可压流动的计算，对于 VOF 模型的求解，应采用分离求解器[7]。采用分离求解器进行计算时，流场中每个变量均需独立求解，因压降自身没有控制方程，而是以一阶导数形式出现在动量方程中，且其与速度的关系也隐含在连续性方程中，这就是压降与速度的耦合问题。采用压降—速度耦合算法可使各变量同步改进、提高收敛效率。FLUENT 软件提供了三种压降—速度耦合算法：SIMPLE、SIMPLEC 和 PISO 格

式。油流携水是瞬态过程,本模拟采用对于瞬态问题有明显优势的 PISO 格式[10],同时压强计算采用 PRESTO!格式[11]。

5.2.2.2 离散格式的确定

将偏微分格式的控制方程转化为各个网格节点上的代数方程组,即建立离散方程组时,通过节点处的物理量如何插值得到控制单元界面上的物理量及其导数即为离散格式。FLUENT 软件中的离散格式按其精度可分为低阶离散格式和高阶离散格式[12],其中低阶离散格式包括一阶迎风、乘方格式,高阶离散格式包括二阶迎风、QUICK 格式。在选择离散格式时,需同时考虑其稳定性与准确性,截断误差较高的离散格式精度高,但稳定性稍差。比较上述四种离散格式的精度与截断误差等性能,本模拟采用绝对稳定的二阶迎风离散格式来离散控制方程。

5.2.3 计算参数以及物性参数

对于密度为常数的不可压流场,操作压力对计算没有影响,本模拟中操作压力取 0,参考压力位置设置在油相中。考虑彻体力作用,重力加速度取 $-9.81\text{m}\cdot\text{s}^{-2}$,操作密度取轻相密度,彻体力计算采用隐式方法。考虑壁面黏附作用,接触角取 120°(接触角对计算结果的影响见第 5.3.5.1 小节)。

油水两相的密度、黏度等参数均设为常数,取实验介质 0# 柴油在 25℃ 时的密度、黏度,分别为 $855.83\text{kg}\cdot\text{m}^{-3}$、$0.00343\text{Pa}\cdot\text{s}$,水相密度为 25℃ 时的密度 $997.04\text{kg}\cdot\text{m}^{-3}$,水相黏度采用 FLUENT 软件的默认值,为 $0.001003\text{Pa}\cdot\text{s}$。两相界面张力采用实测 25℃ 时 0# 柴油与水之间的界面张力,为 $0.01833\text{N}\cdot\text{m}^{-1}$。

5.2.4 边界条件与初始条件

5.2.4.1 边界条件

本模拟中边界条件有三个:入口边界、出口边界以及壁面边界。

(1)入口边界条件。本模拟取入口边界为速度入口,同时需定义入口边界上水相的相含率。

(2)出口边界条件。本模拟不考虑上倾管段上不同位置开孔对流场的影响,出口边界设为压力出口。

(3)壁面边界条件。管段内壁面采用静止、无滑移壁面边界。

5.2.4.2 初始条件

对于瞬态流动问题,须设置初始条件以确定初始流场。初始流场能直接影响计算的收敛,不合理的初始条件可能引起原本收敛的计算发散。初始条件主要有两个:

(1)初始油速分布。

根据布西内斯克(Boussinesq)公式[13]知,层流入口段长度为 $0.058D\cdot Re$,且层流入口段长度大于紊流入口段长度,则入口段长度最大约为 $116D$。第 2.1 小节所述的实验系统中,油流进入测试管段前流经约 11m(>116D)的入口发展段,且进入测试管段之前有约 15D 的直管段,认为油流进入测试管段时已充分发展,则层流工况时入口速度满足抛物线分布:壁面处速度为零,轴线处速度最大。采用UDF可定义入口边界的速度分布,如附录C为$D = 27\text{mm}$、$U_{os} = 0.05\text{m·s}^{-1}$时的入口速度分布。同时,定义入口边界的水相相含率为零,即保证入口处为单相的柴油。

(2)初始积水分布。

已知实验中注入水平管段的水量V_w,根据水相平铺于水平管段的假设,若水平管段长为L,横截面为A,则水相截面含率可根据式(2.1)求得,即为初始水相截面含率(记为ε_{in})。二维模型中根据水相截面含率确定水相厚度的方法有两种:①根据圆管截面中线处的水相厚度确定初始水相厚度,如图5.8(a)所示;②根据平板间的水相厚度确定初始水相厚度,如图5.8(b)所示。

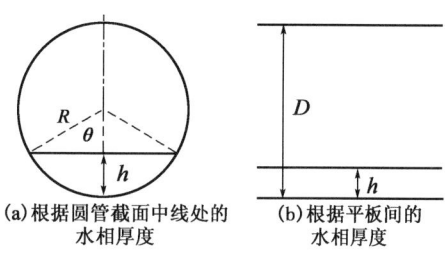

(a)根据圆管截面中线处的水相厚度　(b)根据平板间的水相厚度

图5.8　水相厚度的确定方法

根据初始水相截面含率ε_{in},由上述两种方法可得初始水相厚度分别为

$$\varepsilon_{in} = \frac{4V_w}{\pi D^2 L} = \frac{\arccos(1 - 2\tilde{h}_{in}) - \sin[2\arccos(1 - 2\tilde{h}_{in})]/2}{\pi} \quad (5.7)$$

$$\varepsilon_{in} = \frac{4V_w}{\pi D^2 L} = \tilde{h}_{in} \quad (5.8)$$

式中,ε_{in}为式(2.1)所示的水相截面含率。

这里采用第二种方法来确定管路系统的初始水相厚度[须指出,相同水相截面含率$V_w/(A·L)$时,方法一得到的水相厚度较大],两种确定方法对结果的影响见第5.3.2.3小节。同时,在此区域内,定义水相的初始相含率为1,初始速度为零。

5.2.5　时间步长

非定常计算公式的参数包括两个[7]:(1)时间步长;(2)每一时间步长内最大迭代次数。其中时间步长可采用固定值,也可采用适应性时间推进法中的适应性步长,即时间步长随截断误差而变化:截断误差小于给定值时,时间步长增大;大于给定值时,时间步长减小。FLUENT中时间步长采用库朗数(Courant Number)定义,库朗数是根据线性稳定性理论定义的一个数值范围,用于表征计算格式的稳定性。库朗数越大,时间步长越大,计算收敛速度越快,但较大的时间步长有时会导致计算收敛失败;库朗数越小,时间步长越小,计算精度越高,但收敛速度慢,增大了计算收敛所需的时间。

FLUENT软件进行非定常流场的计算时,需设定时间步长以及每个时间步长内的最大迭代次数。在一个时间步长内,若在达到最大迭代次数之前,计算已经收敛,则系统自动进入下一时间步长的迭代。通常采用如下方法确定时间步长:取最大迭代次数为20,设定一个时间步长,若在此时间步长内迭代20次仍未达到收敛判据,则应减小时间步长;反之,可增大时间步长。在模拟时,可先给定一个较小的时间步长,迭代若干个步长后根据收敛情况对时间步长进行调整。

不同几何模型或不同初始条件所对应的时间步长存在差别,时间步长越小,模拟越准确,但计算效率低;另外为能动态地查看不同时间的积水分布形态,计算过程中每隔1s保存一次计算结果。综合考虑数据存储、计算效率、结果收敛,经多次迭代试算,确定不同模型在不同流速时的固定时间步长,见表5.2。

表5.2 不同管径的几何模型在不同流速时的时间步长

$D=27$mm		$D=41$mm		$D=50$mm	
表观油速 $U_{os}/\text{m}\cdot\text{s}^{-1}$	时间步长 $\Delta t/\text{s}$	表观油速 $U_{os}/\text{m}\cdot\text{s}^{-1}$	时间步长 $\Delta t/\text{s}$	表观油速 $U_{os}/\text{m}\cdot\text{s}^{-1}$	时间步长 $\Delta t/\text{s}$
≤0.05	0.01	≤0.09	0.01	≤0.10	0.005
≥0.06	0.005	≥0.10	0.005	≥0.11	0.0025

5.3 模拟结果及验证

通常采用宏观与微观相结合的方式对模拟结果进行后处理。模拟中发现30s时的计算结果基本趋于稳定(不同条件下,趋于稳定的时刻详见第5.3.6.3小节),因此,取 $t=30$s 内的计算进行后处理及分析。一方面将计算结果导出至TECPLOT软件进行直观的图形化处理,可清晰、直观地分析积水的分布形态;另一方面将计算结果导出为ACSII格式数据,利用EXCEL、Origin软件对结果进行分析处理。分析管径27mm、41mm测试系统(上倾倾角12°)及50mm测试系统(上倾倾角20°)的计算结果,并与第2章实验数据及第3章水塞模型预测结果进行比较。

5.3.1 不同表观油速时的计算结果

5.3.1.1 钢管测试系统

(1)积水分布形态及临界表观油速的比较。

以管径27mm、初始水相截面含率0.14为例,分析不同表观油速在 $t=30$s 时的积水分布形态,如图5.9所示,将其与观察到的积水分布形态(图2.13)进行比较,发现随着油流流速的增大,积水分布形态的变化与图2.13中所示的积水分布形态的变化基本一致:积水在油流剪切作用下呈偏心大水滴形式,油相流速很小时,积水向管段下游聚集,水平管段出现无水段,且积水界面平坦无波动;随着流速增大,油流对积水的剪切作用增强,积水聚集至拐弯处,水平管段中无水段长度增大而大水滴长度减小;流速继续增大,无水段长度继续增大,且积水界面在水相厚度较大的下游位置开始产生波动,波动加剧至一定程度,有水脱离积水主体,小水滴分散进入油流并随油流向前运动或聚并成大水团,贴近下管壁向前运动或发生回流。

由图5.9还可看出,当 $U_{os} \leq 0.04\text{m}\cdot\text{s}^{-1}$ 时,界面光滑;当 $U_{os} \geq 0.05\text{m}\cdot\text{s}^{-1}$,界面产生波动。若 $U_{os} \leq 0.06\text{m}\cdot\text{s}^{-1}$,积水"卡"在拐弯处,进入上倾管段的水量为零;若 $U_{os} \geq 0.07\text{m}\cdot\text{s}^{-1}$,积水被油流打散,并有水滴进入油流、水团贴近管壁沿上倾管段向前运动,则此表观油速即为有水进入上倾管段的临界表观油速。对管径41mm的管路系统进行数值模拟,可以得到类似结果:若水相截面含率为0.14,当 $U_{os} \leq 0.07\text{m}\cdot\text{s}^{-1}$ 时,界面光滑;当 $U_{os} \geq 0.08\text{m}\cdot\text{s}^{-1}$,界面产生

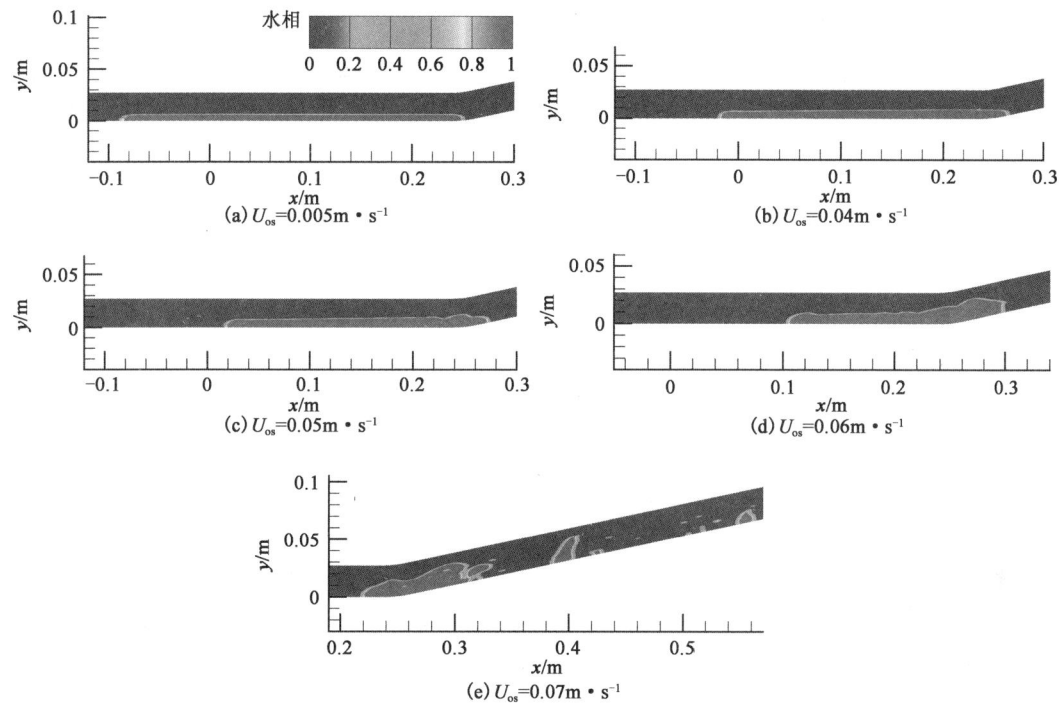

图 5.9 $D=27\text{mm}$、$\varepsilon_{in}=0.14$、$\theta=120°$、$t=30\text{s}$ 时,不同表观油速的积水分布形态

波动。若 $U_{os} \leq 0.10\text{m·s}^{-1}$,积水"卡"在拐弯处;若 $U_{os} \geq 0.11\text{m·s}^{-1}$,积水被油流打散,即临界表观油速为 0.11m·s^{-1}。第 3 章中采用水塞模型对管径 27mm、41mm 管路系统中不同注水量时进入上倾管段的水量不为零时的临界表观油速进行了预测,将其与相同条件下的数值模拟预测值进行比较,见表 5.3。

表 5.3 管径 27mm、41mm 实验系统中临界表观油速理论预测值与数值模拟预测值的比较

管径 D/mm	$\varepsilon_w=0.08$		$\varepsilon_w=0.11$		$\varepsilon_w=0.14$	
	理论预测值 m·s^{-1}	模拟预测值 m·s^{-1}	理论预测值 m·s^{-1}	模拟预测值 m·s^{-1}	理论预测值 m·s^{-1}	模拟预测值 m·s^{-1}
27	0.09	0.07	0.08	0.07	0.07	0.07
41	0.14	0.11	0.13	0.11	0.12	0.11

由表 5.3 发现,水塞模型预测值与数值模拟预测值吻合较好,最大误差分别为 22.2%(管径 27mm)和 21.4%(管径 41mm)。

(2)油水两相速度分布及剪切速率分布的预测。

入口表观油速不同时,油流对低洼处积水的剪切作用不同,根据上述分析可知偏心大水滴长度随表观油速增大而减小。为保证不同表观油速剪切作用下油水两相的速度分布及剪切速率分布具有可比性,取不同表观油速时偏心大水滴中心位置处的计算结果进行讨论。

以管径 27mm、初始水相截面含率 0.14 为例,分析不同表观油速时油水两相的速度分布及对剪切速率分布,如图 5.10 所示,图中水平方向的实线为水相截面含率为 0~1 的界面层,

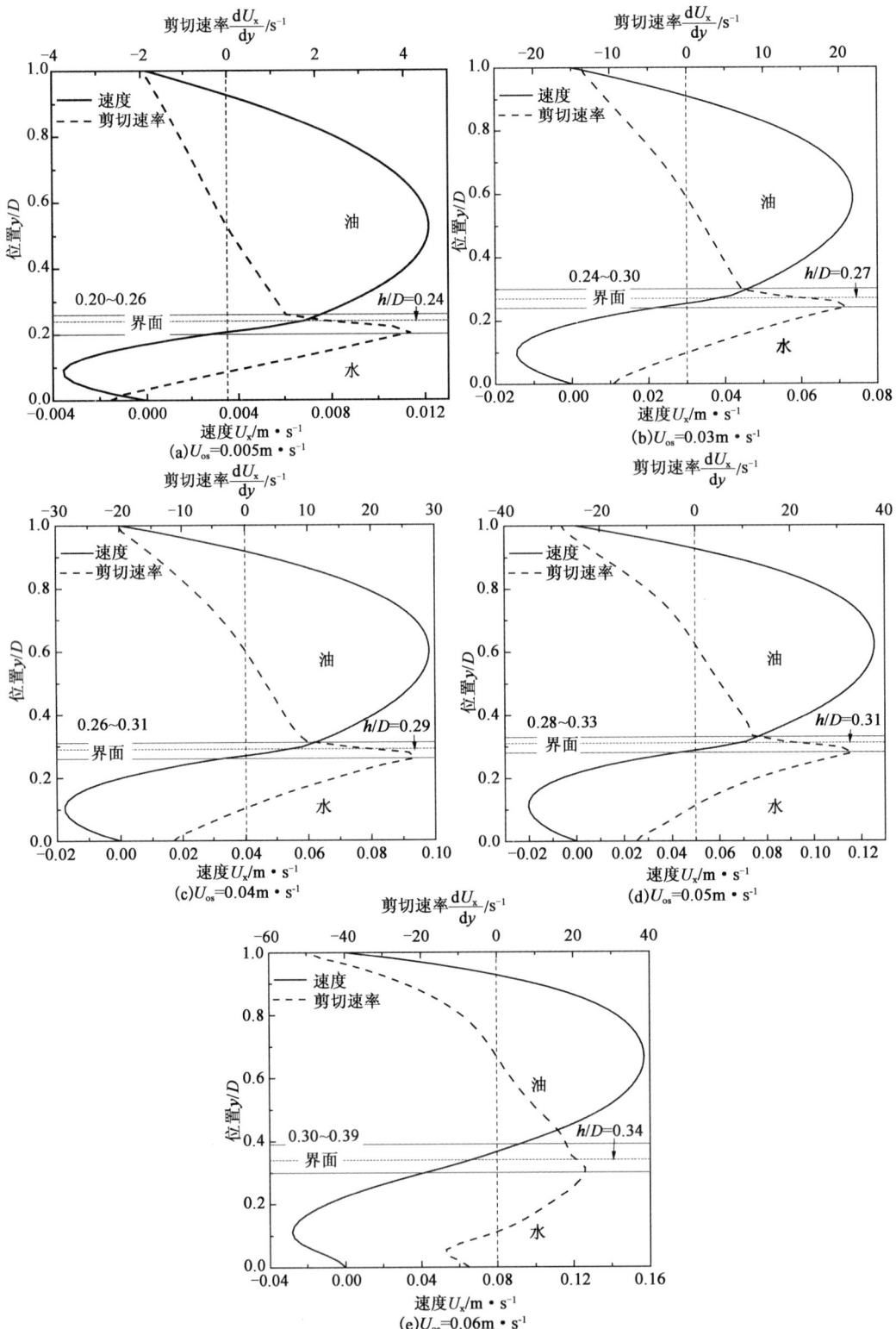

图 5.10 $D=27\text{mm}$、$\varepsilon_{in}=0.14$ 时,不同 U_{os} 在偏心大水滴中线位置处的速度及剪切速率分布

水平方向的虚线为水相截面含率为0.5的界面位置。发现,偏心大水滴中线位置处的油相速度远大于水相速度;积水内部存在回流,积水近界面处速度最大、越靠近管道下壁速度越小;油相速度近似满足抛物线分布,油相速度最大值大于初始油相速度最大值($2U_{os}$),且速度最大值对应的位置处于管段轴线与油相的轴线之间,界面处速度及剪切速率均连续;油水两相与管壁间的剪切速率均为负;偏心大水滴界面层内剪切速率恒为正,且随界面层内水相截面含率的增大而增大,在水相截面含率为1处达到最大值,越靠近管下壁,剪切速率越小。图5.10(e)表明,对于接近临界表观油速的工况,偏心大水滴中线位置处水相近管壁处的剪切速率并非最大值,其最大值发生在距管壁1.33mm(约0.05D)处。根据图5.10中界面平坦无波动时的计算结果发现,偏心大水滴中线位置处的水相厚度、积水界面处的速度及剪切速率均随表观油速的增大而增大,其中前两者的增大速率随表观油速增大有增大趋势,而后者的增大速率随表观油速增大有减小趋势。

5.3.1.2 透明管测试系统

(1)积水分布形态及临界表观油速的比较。

以上倾倾角20°、初始水相截面含率0.05为例,分析不同表观油速的积水分布形态,如图5.11所示。实验观察到的相同条件下、不同表观油速的积水分布形态如图5.12所示。

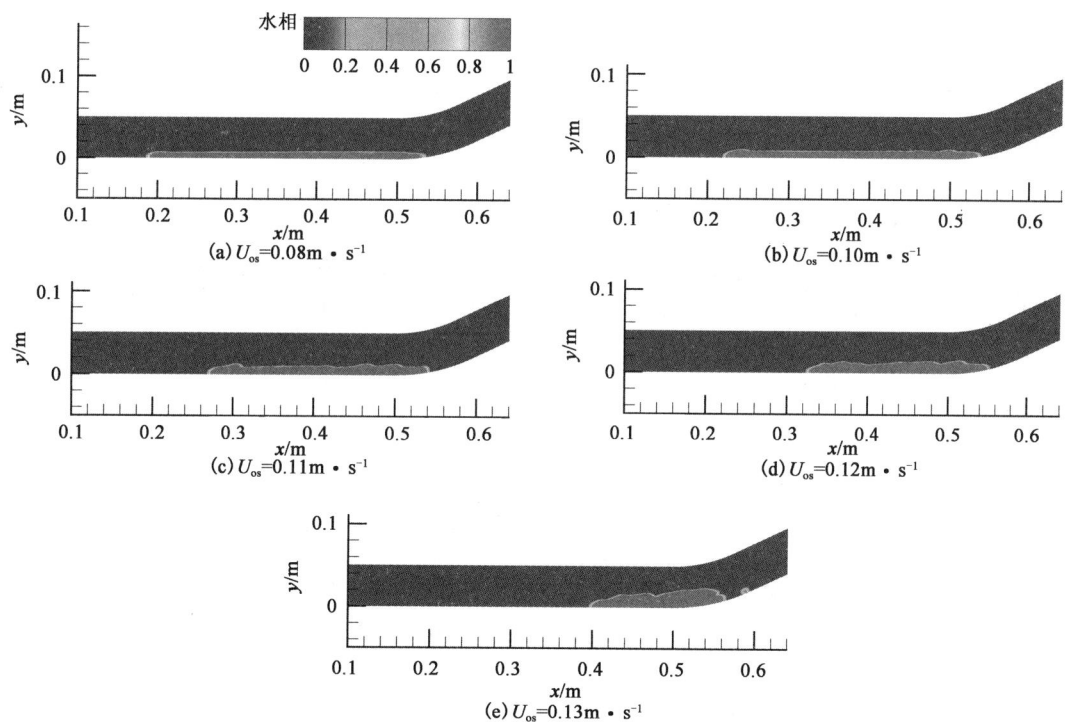

图5.11 $\beta = 20°$、$\varepsilon_{in} = 0.05$、$\theta = 120°$、$t = 30s$时,有机玻璃管中不同表观油速的积水分布形态

由图5.11、图5.12可看出,数值模拟得到的积水分布与实测积水分布相似;积水在油流剪切作用下聚集至管段下游拐弯处,水平管段出现无水段,其长度随表观油速的增大而增大,积水以水相厚度呈梯度分布的偏心大水滴形式存在;表观油速较小时界面光滑,随表观油速增大,偏心

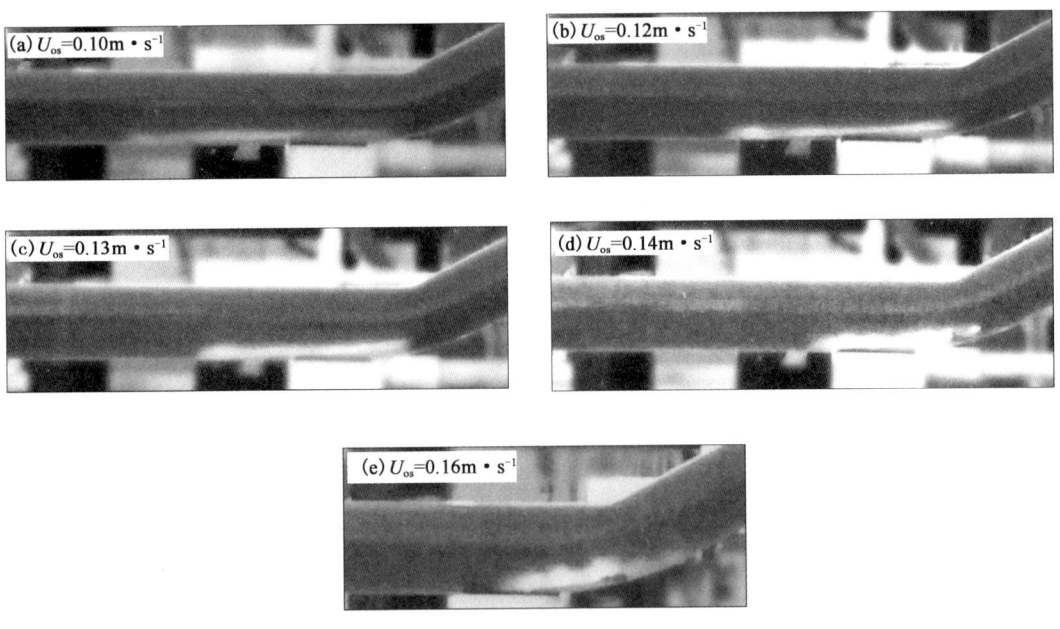

图 5.12 水相截面含率 0.05 时,实测上倾倾角 20°的有机玻璃管中不同表观油速的积水分布形态

大水滴下游产生波动,流速继续增大,则波动加剧,流速增至一定程度后,积水被油流打散,并有水滴进入油流。不过实测界面产生波动以及积水被油流打散时的表观油速与模拟结果存在区别:由图 5.11 可知,当 $U_{os} \leq 0.08 \mathrm{m \cdot s^{-1}}$ 时,界面光滑;当 $U_{os} \geq 0.10 \mathrm{m \cdot s^{-1}}$,界面产生波动。若 $U_{os} \leq 0.12 \mathrm{m \cdot s^{-1}}$,积水"卡"在拐弯处,进入上倾管段的水量为零;若 $U_{os} \geq 0.13 \mathrm{m \cdot s^{-1}}$,积水被油流打散。由图 5.12 可知,当 $U_{os} \leq 0.12 \mathrm{m \cdot s^{-1}}$s 时,界面光滑;当 $U_{os} \geq 0.13 \mathrm{m \cdot s^{-1}}$,界面产生波动。若 $U_{os} \leq 0.14 \mathrm{m \cdot s^{-1}}$,积水"卡"在拐弯处,进入上倾管段的水量为零;若 $U_{os} \geq 0.16 \mathrm{m \cdot s^{-1}}$,积水被油流打散。则界面产生波动时表观油速的相对误差为 23.1%,积水被油流打散时表观油速的相对误差为 18.8%。将管径 50mm、不同上倾倾角系统中的初始水相截面含率 0.10 时的实测临界表观油速及模拟预测值进行比较,见表 5.4,可看出数值模拟对于临界表观油速的预测最大误差为 29.4%。根据上述分析可知,数值模拟对管径 50mm 有机玻璃管中积水分布形态及其临界表观油速的预测与实测值差别不大。

表 5.4 管径 50mm、不同上倾倾角实验系统中临界表观油速实测值与数值模拟预测值的比较

$\beta=10°$		$\beta=15°$		$\beta=20°$	
实测值 m·s⁻¹	模拟预测值 m·s⁻¹	实测值 m·s⁻¹	理论预测值 m·s⁻¹	实测值 m·s⁻¹	理论预测值 m·s⁻¹
0.16	0.12	0.17	0.12	0.15	0.12

(2)油水两相速度分布及剪切速率分布的预测。

分析图 5.11 所示各算例的积水内部速度分布发现,积水在油流携带作用下均产生回流,如图 5.13 为 $U_{os}=0.08 \mathrm{m \cdot s^{-1}}$、$0.12 \mathrm{m \cdot s^{-1}}$ 时流场内的流线分布,发现界面平滑时积水内部近界面处速度大于零,近壁面处速度小于零;界面波动时积水内部产生涡状流。分析发现表观油速越大,油流对积水的冲刷作用越强,积水内部的涡状流强度增大。根据数值计算结果,可对

图 5.13 中积水内部 a、b、c、d 四位置处的速度分布以及剪切速率分布进行分析，分别如图 5.14、图 5.15 所示，图中水平方向的实线为水相截面含率为 0～1 时的界面层。

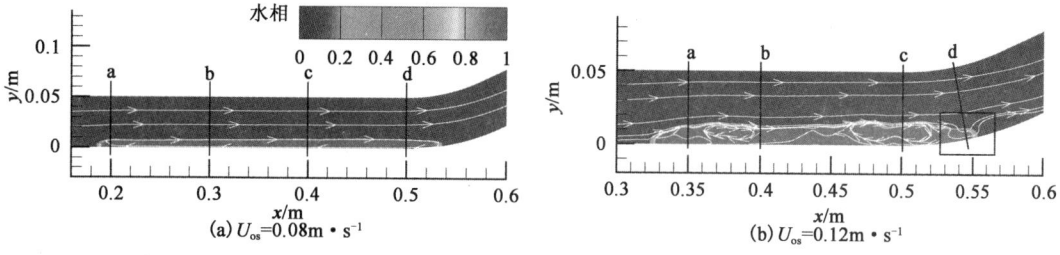

(a) U_{os}=0.08m・s^{-1}　(b) U_{os}=0.12m・s^{-1}

图 5.13　$D=50\text{mm}$、$\varepsilon_{in}=0.05$、$\theta=120°$、$t=30\text{s}$ 时，偏心大水滴周围的流线分布图

(a) a位置　(b) b位置　(c) c位置　(d) d位置

图 5.14　$D=50\text{mm}$、$\varepsilon_{in}=0.05$、$U_{os}=0.08\text{m}\cdot\text{s}^{-1}$时，积水内部不同位置处的速度及剪切速率分布

图 5.14 表明水相厚度在油相流动方向上有增大趋势，则数值模拟及理论分析均预测了积水厚度呈上游小下游大的梯度分布，不过理论预测了水塞的形成，而模拟预测并非如此。这是

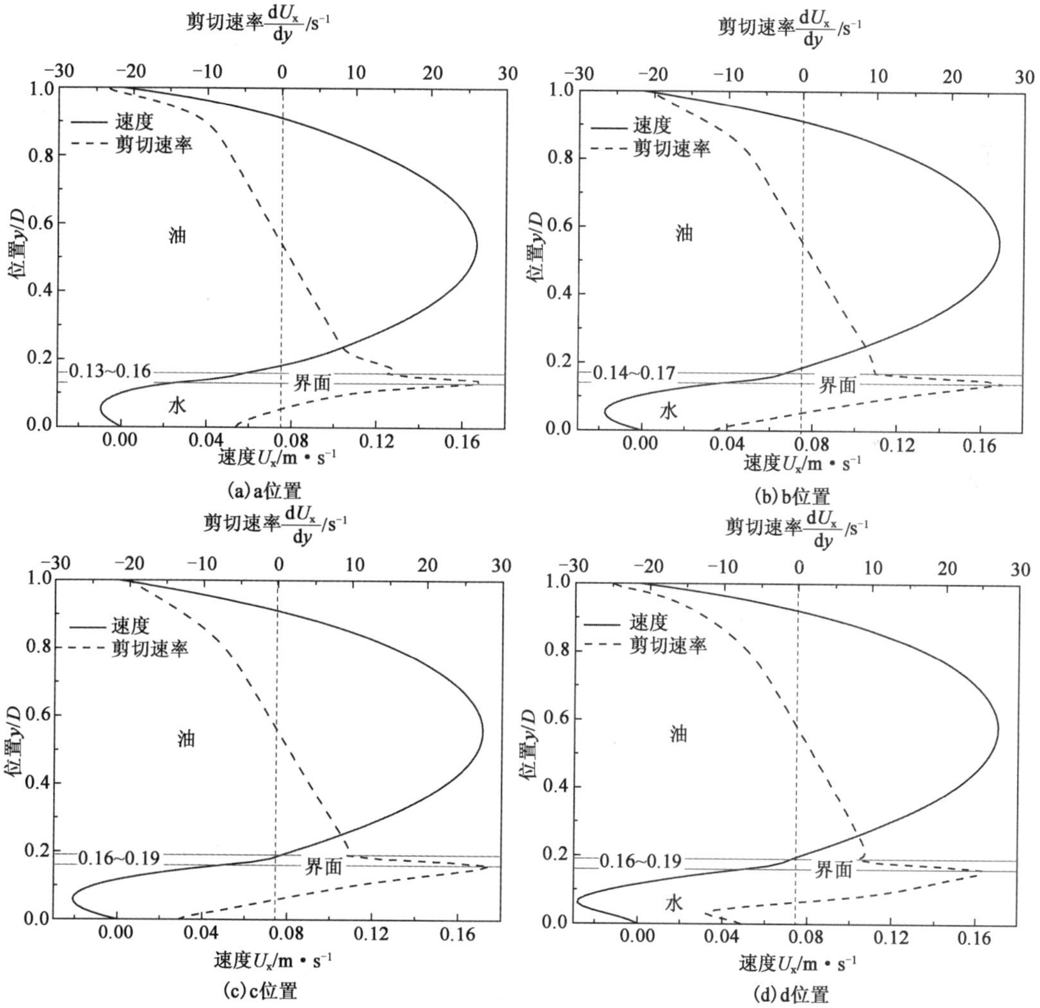

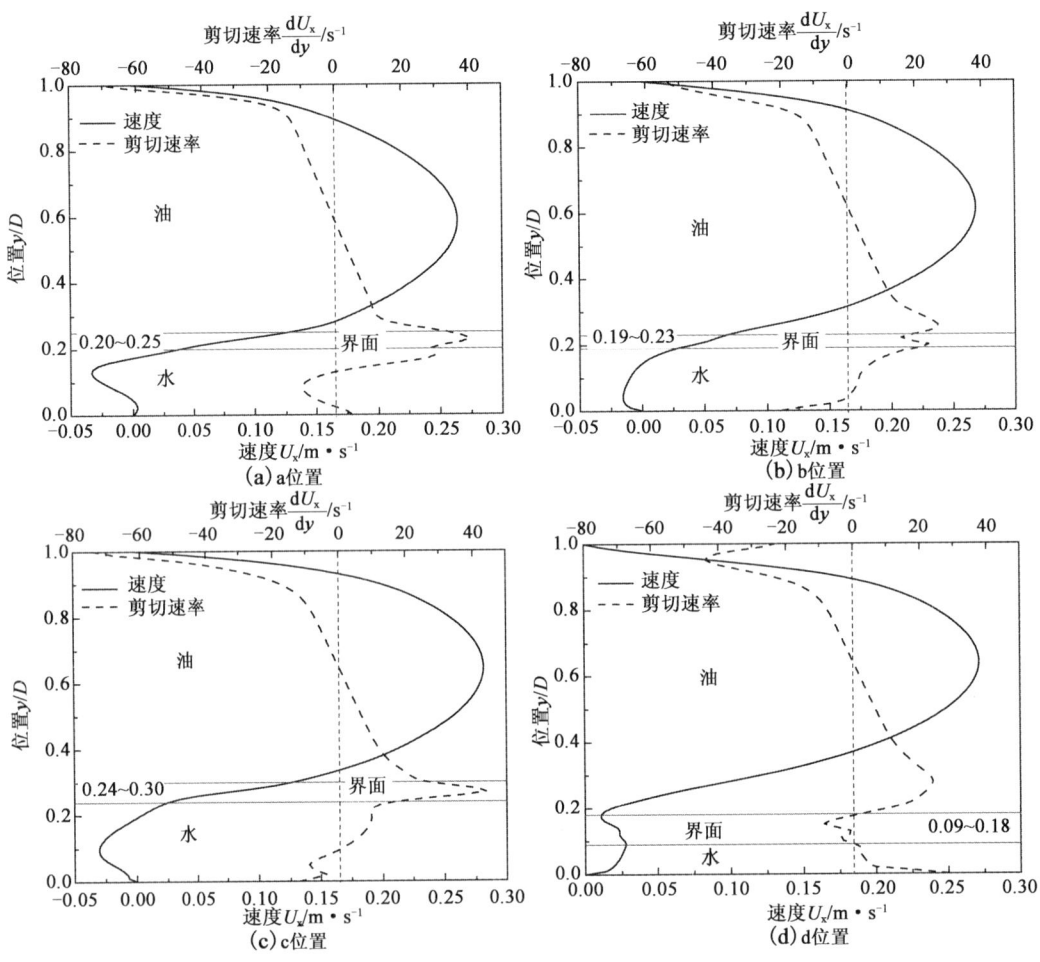

图 5.15　$D=50\text{mm}$、$\varepsilon_{\text{in}}=0.05$、$U_{\text{os}}=0.12\text{m}\cdot\text{s}^{-1}$ 时，积水内部不同位置处的速度及剪切速率分布

因为理论分析的研究对象为长 0.5m 的水平管段，意味着水平管段的下游被盲板封闭；数值模拟的研究对象为下倾、水平、上倾三段组成的地形起伏管段，积水会在惯性力作用下进入上倾管段而不形成水塞。

当 $U_{\text{os}}=0.08\text{m}\cdot\text{s}^{-1}$ 时，界面平滑，由图 5.14 可知，水相厚度以及水相回流速度在油相流动方向（x 方向）上均有增大趋势；管壁面处的剪切速率均为负，油相与管壁间的剪切应力大于水相与管壁间的剪切应力；偏心大水滴界面层内剪切速率恒为正，且随界面层内水相截面含率的增大而增大，在水相截面含率为 1 处达到最大值（约为 27s^{-1}），越靠近管下壁，剪切速率越小。当 $U_{\text{os}}=0.12\text{m}\cdot\text{s}^{-1}$ 时，界面波动且积水内部存在涡流，由图 5.15 可知，积水受到的剪切速率在不同位置处分布不同：在水平管段 a、b、c 三位置处，油相与管壁面间的剪切速率为负，且绝对值最大，在弯管段 d 位置处，油相与管壁面间的剪切速率也为负，不过其绝对值的最大值发生在距管上壁面 2.5mm（$0.05D$）处；在偏心大水滴两端 a、d 位置处，积水与管壁面间的剪切速率为正，在偏心大水滴内部 b、c 位置处，积水与管壁面间的剪切速率为负；水相截面含率约为 0.23。

界面波动时,因存在涡状流致使流场复杂多变,图5.15(a)表明近壁面处积水速度有时会略大于零,图5.15(d)说明偏心大水滴头部的水相速度可能恒大于零。当偏心大水滴头部速度大于零时,若延长数值计算时间,积水应有向前运动趋势。为分析偏心大水滴头部速度分布随时间的变化,研究不同时刻偏心大水滴头部[图5.13(b)方框所示位置]的速度矢量,如图5.16所示。可知,$U_{os}=0.12\mathrm{m\cdot s^{-1}}$时偏心大水滴头部的速度分布随时间延长而不断变化,若偏心大水滴头部速度大于零,随计算时间延长,偏心大水滴头部长度将逐渐增大而速度逐渐减小为负,如图5.16(a)~(b)所示;若偏心大水滴头部速度小于零,随计算时间继续延长,偏心大水滴头部长度将逐渐减小而速度逐渐增大为正,如图5.16(c)~(d)所示。由此可知,对于$U_{os}\leqslant 0.12\mathrm{m\cdot s^{-1}}$的工况,积水动态地"卡"在拐弯处,进入上倾管段的水量为零。

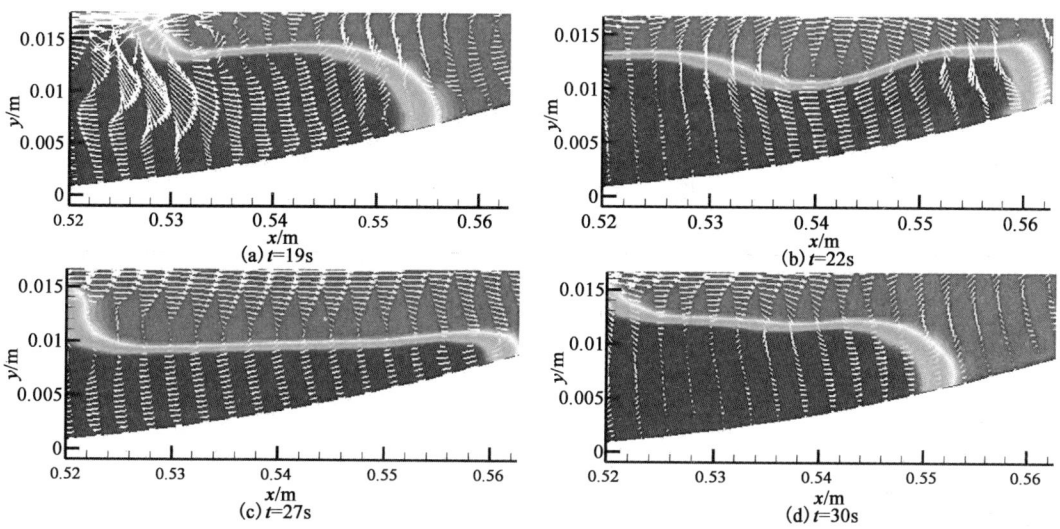

图5.16　$D=50\mathrm{mm}$、$\varepsilon_{in}=0.05$、$U_{os}=0.12\mathrm{m\cdot s^{-1}}$时,偏心大水滴头部不同时刻的速度矢量

5.3.2　不同初始水相截面含率时的计算结果

5.3.2.1　积水分布形态及速度、剪切速率分布

(1)积水分布形态。

第3章中理论分析发现水平管段中水相厚度的梯度分布不随水量V_w变化而变化。以管径27mm、表观油速$0.06\mathrm{m\cdot s^{-1}}$、油—水—固接触角120°为例,分析不同初始水相截面含率ε_{in}的积水分布形态,如图5.17所示。由图5.17发现,表观油速不变时若增大初始水相截面含率,偏心大水滴长度增大,进入上倾管段的水量增大。若将坐标系原点置于偏心大水滴尾部,即图5.17中点O,可看出水相厚度自O点沿流动方向的变化基本一致,这与理论分析得到的水相厚度的梯度分布不随水量V_w变化而变化的结论完全一致。另外,图5.17还表明$\varepsilon_{in}=0.10、0.14$时,界面存在波动,且后者水相厚度最大值大于前者;$\varepsilon_{in}=0.20$时,积水被打散并有小水团进入油流或贴近管壁在油流剪切作用下向前运动。这说明油流携水系统的临界表观油速应随水相截面含率增加而减小。

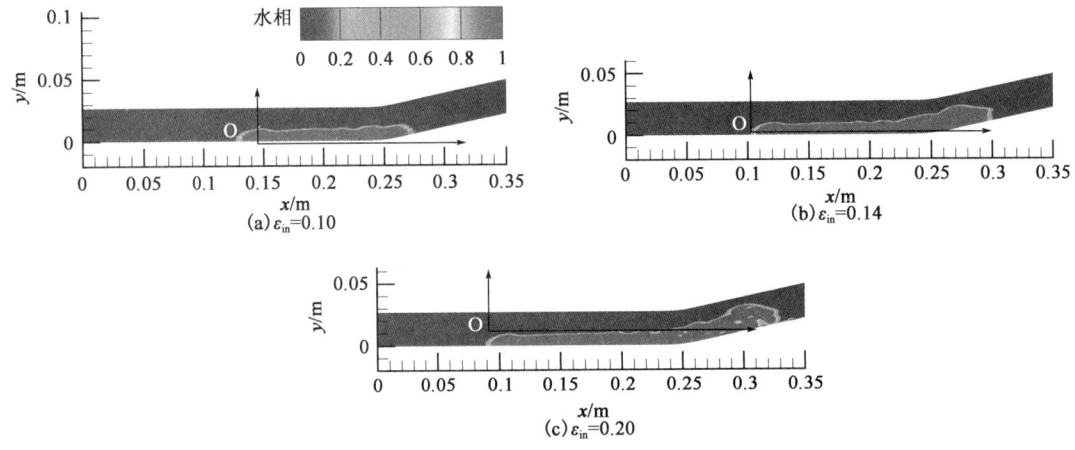

图 5.17 $D=27\text{mm}$、$U_{os}=0.06\text{m}\cdot\text{s}^{-1}$、$\theta=120°$、$t=30\text{s}$ 时，
不同初始水相截面含率的积水分布形态

(2) 速度分布及剪切速率分布。

根据上述分析发现，表观油速相同、初始水相截面含率不同时，偏心大水滴长度随初始水相截面含率增大而增大。为保证不同偏心大水滴长度时油水两相的速度分布及剪切速率分布具有可比性，取偏心大水滴中心位置处的计算结果进行讨论。

以管径 27mm、表观油速 $0.05\text{m}\cdot\text{s}^{-1}$ 为例，分析不同初始水相截面含率时油水两相的速度分布及对剪切速率分布，如图 5.18 所示，图中水平方向的实线为水相截面含率为 0~1 的界面层，水平方向的虚线为水相截面含率为 0.5 的界面位置。图 5.18 表明，若 $U_{os}=0.05\text{m}\cdot\text{s}^{-1}$，不同初始水相截面含率时积水内部均存在回流，积水最大回流速度相差不大（约为 $0.02\text{m}\cdot\text{s}^{-1}$），油相速度最大值发生在管段轴线与油相中线之间，且最大速度随水相截面含率的增大而增大；油水两相与管壁间的剪切应力均为负，且油相与管壁间剪切应力的绝对值大于水相，界面层内的剪切速率恒为正；偏心大水滴中线位置处的水相厚度及界面处速度随初始水相截面含率增大均有增大趋势，而界面处的剪切速率变化不大，约为 20s^{-1}。

5.3.2.2 临界表观油速

(1) 不同水量时临界表观油速的模拟结果。

根据不同初始水相截面含率的积水分布形态可得，油流携水系统的临界表观油速应随水相截面含率增加而减小。为验证这一结论的正确性，对钢管系统中多个水量时的临界表观油速进行了分析，如图 5.19 所示。须指出，数值模拟得到的临界表观油速误差为 $0.01\text{m}\cdot\text{s}^{-1}$，图 5.19 中点 A 表明管径 41mm 管路系统中水量为 34.3mL 时，若 $U_{os}=0.11\text{m}\cdot\text{s}^{-1}$，积水不能被油流打散；若 $U_{os}=0.12\text{m}\cdot\text{s}^{-1}$，积水能被油流打散，即临界表观油速应处于两者之间。因此，图 5.19 中采用折线表示临界表观油速随水量的变化。图 5.19 表明，相同水量时临界表观油速随管径增大而增大；管径不变时临界表观油速随水量增大而减小，且减小速率随水量增大而减小。第 2 章中实测数据表明，水量分别为 15mL、25mL、40mL 时，管径 27mm、41mm 管路系统的临界表观油速随水量 V_w 的变化不明显。由图 5.19 可知，此三水量对应的两系统的临界表观油速相差不大，与实验现象一致。

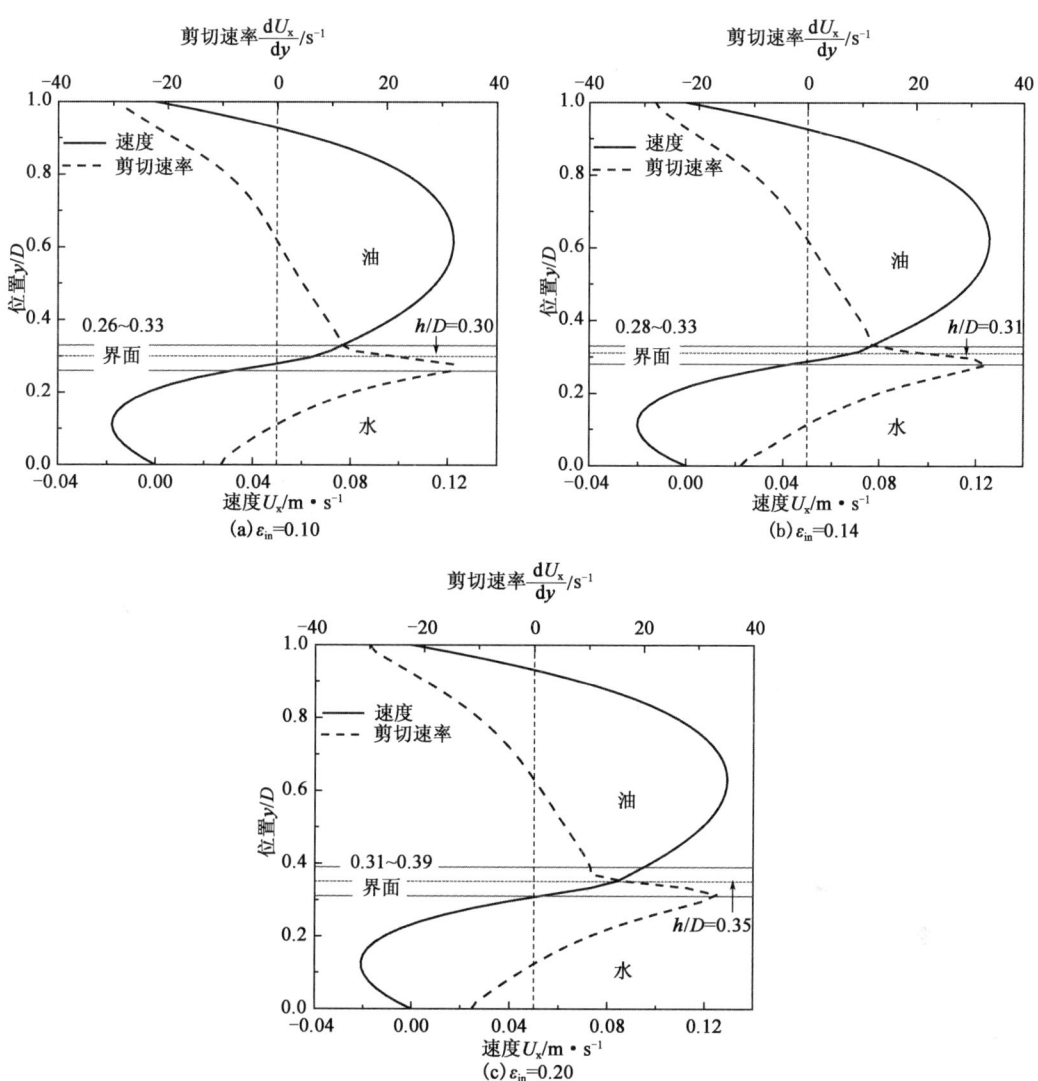

图 5.18 $D=27\text{mm}$、$U_{os}=0.05\text{m}\cdot\text{s}^{-1}$ 时,不同初始水相截面含率
在偏心大水滴中线位置处的速度及剪切速率分布

由图 5.19 中点 B(90mL,0.075m·s^{-1})可知,$V_w=90$mL 时,两钢管系统的临界表观油速与 U_B 之间满足:$U_{27}<U_B$,$U_{41}>U_B$(U_{27}、U_{41} 分别表示管径 27mm、41mm 管路系统在水量 90mL 时的临界表观油速),则管径 27mm 系统积水被油流打散,并沿流动方向随油流向前流动,最终有约 15mL 水会停留在管道中不能被携带;管径 41mm 系统中积水不能被携带,全部停留在管道中。

为验证数值模拟得到的上述结论是否与水塞模型的预测一致,采用水塞模型对钢管系统的临界表观油速随水量的变化进行了计算,如图 5.20 所示,图中曲线为水塞模型的预测结果,散点为模拟预测结果。发现采用水塞模型对不同水量时临界表观油速的预测与数值模拟的计算结果吻合较好,水量很小时其偏差较大,图中所示最大相对误差约为 24.0%。这也验证了数值模拟得到的上述结论与采用水塞模型进行理论预测的结论完全一致。

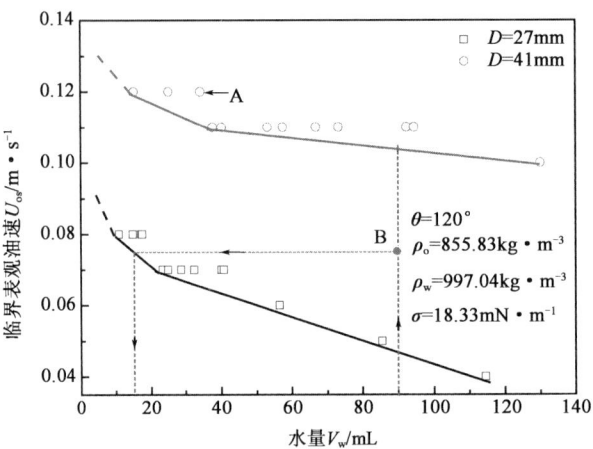

图5.19 钢管系统中临界表观油速随水量变化的模拟结果

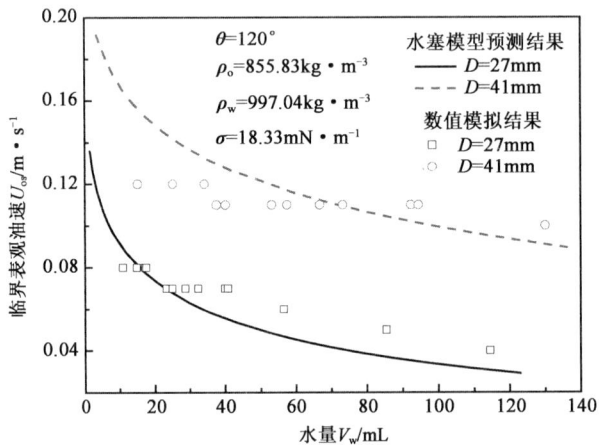

图5.20 钢管系统中临界表观油速随水量变化的数值
模拟结果及水塞模型预测结果

(2)临界表观油速的预测值与实测值的比较。

除水塞模型外,第3章中还采用界面稳定性原理以及分散流模型对油流携水系统的临界表观油速进行了分析,对于本章采用的初始水相厚度的确定方法(两平板模型),分散流模型计算结果不发生变化而界面稳定性原理的计算公式应有所改变。根据开尔文—亥姆霍兹(Kelvin – Helmholtz)长波稳定性条件,油水两相保持光滑分层流的判定准则可简化为

$$U_{os} \leqslant \sqrt{\frac{(\rho_w - \rho_o)g\cos\beta A_o^3}{\gamma_o A^2 \rho_o dA_w/dh}} \tag{5.9}$$

则管段截面积 A、油相流通面积 A_o 以及水相流通面积的导数 dA_w/dh 等几何参数及速度分布形状因子 γ_o 的计算公式分别为

$$\begin{cases} A = D; \\ A_o = D - h; \\ dA_w/dh = 1; \\ \gamma_o = \dfrac{1}{DU_{os}^2}\int_0^D U_{po}^2 dy \end{cases} \tag{5.10}$$

式中,U_{po}为油相的局部速度,m·s^{-1}。对于充分发展的平板间层流流动,通过对U_{po}^2进行积分可得其速度分布形状因子为2.13,则式(5.9)简化为

$$U_{os} \leqslant \sqrt{\frac{(\rho_w - \rho_o)gD\cos\beta(1-\tilde{h})^3}{2.13\rho_o}} \quad (5.11)$$

根据式(5.11)可计算钢管系统不同水量时的临界表观油速。实验测得了水量15mL、25mL、40mL时管径27mm管路系统中上倾管段1号出口处及管径41mm管路系统中上倾管段3号出口处的临界表观油速,将其与相应水量时的预测临界表观油速进行比较,如图5.21所示。发现,实测临界表观油速与数值模拟的预测值及水塞模型的预测值相差均很小,界面稳定性机理的预测值次之,分散流模型的预测值差别最大。

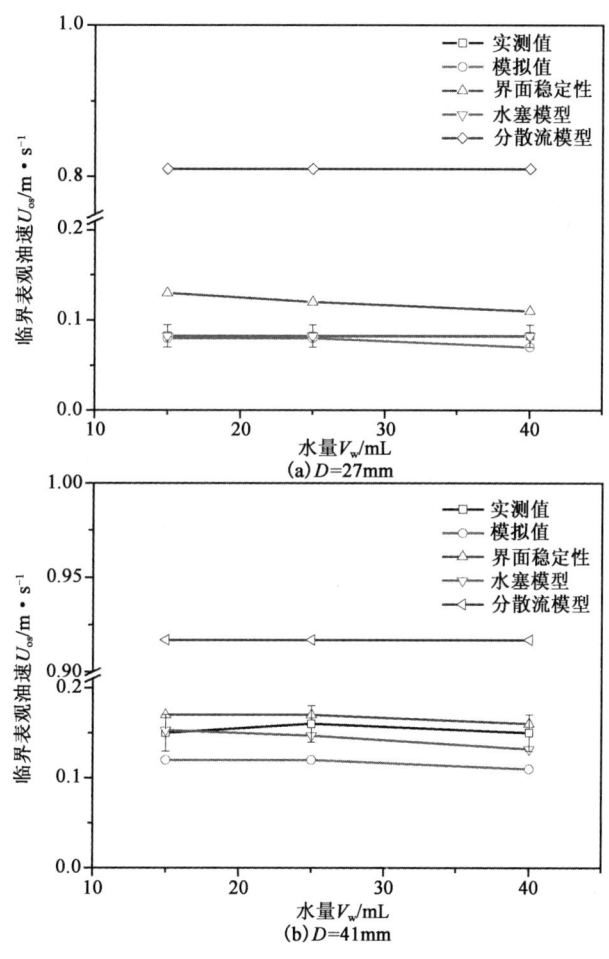

图5.21 不同方法得到临界表观油速的预测值与实测值的比较

须指出,根据第2章可知,管径27mm、41mm管路系统中实测临界表观油速为上倾管段上距水平管段最近的出口处出水量不为零时的最小表观油速,管径50mm管路系统中实测临界表观油速为有水脱离积水主体进入上倾管段时的最小表观油速,而数值模拟与理论分析的临界表观油速均为水平管段有水进入上倾管段时的最小表观油速,因此,27mm、41mm管路系统

中有水进入上倾管段时的临界表观油速应稍小于图5.21中所示的值。

5.3.2.3 不同初始水相截面含率确定方法对计算结果的影响

数值模拟得到临界表观油速为采用确定初始水相厚度 h_{in} 的方法二[图5.8(b)所示,等于平板间的水相厚度,即满足式(5.8)]时的结果,若采用方法一[图5.8(a)所示,等于圆管截面中线处的水相厚度,即满足式(5.7)]得到的水相厚度作为初始条件,通过模拟分析可得到相同条件下相应的临界表观油速,见表5.5。

表5.5 相同条件时两种初始水相厚度对应的临界表观油速

管径 D = 27mm			管径 D = 41mm		
水量 V_w/mL	临界表观油速 U_{os}/m·s^{-1}		水量 V_w/mL	临界表观油速 U_{os}/m·s^{-1}	
	方法一	方法二		方法一	方法二
15	0.07	0.08	15	0.11	0.12
25	0.07	0.07	25	0.11	0.12
40	0.06	0.07	40	0.11	0.11

水量 V_w 不变时,采用方法一确定的初始水相厚度大于采用方法二确定的水相厚度,根据临界表观油速随水量增大而减小的结论可知,前者得到的临界表观油速有减小趋势。由表5.5发现,采用两种确定方法的计算结果略有区别,约为0.01m·s^{-1},即初始水相厚度的两种确定方法对计算结果的影响不大。

5.3.3 不同管径时的计算结果

根据第5.3.2.2小节中管径27mm、41mm两系统的计算结果表明临界表观油速随管径增大而增大。为明确分析管径对临界表观油速的影响,分别分析相同条件下不同管径的管路系统中的临界表观油速,并将相同工况时的数值模拟结果及水塞模型结果进行比较,如图5.22(a)、(b)分别为初始水相截面含率为0.05、0.09时不同管径管路系统的临界表观油速。对于管径50mm的管路系统,数值模拟所采用几何模型的水平管段长为1.1m(保持与实验模型一致),其余管路系统的几何模型中水平管段长均为0.5m。

由第3章中水塞模型对临界表观油速的预测可知,临界表观油速随管径的增大而指数递增。由图5.22发现,数值模拟对临界表观油速的预测与实测数据及水塞模型的预测值均吻合很好,最大误差分别为18.8%、10.5%,进一步验证了临界表观油速随管径增大而指数递增,且递增指数取决于油相流态:紊流时,递增指数为0.63;层流时,递增指数随水相截面含率增大而增大。另外,发现管径不变时,临界表观油速随水平管段长度 L 增大而减小,这是因为模拟采用的初始水相截面含率与水量之间的关系式为 $V_w = A \cdot L \cdot \varepsilon_{in}$,若 A、ε_{in} 不变,L 增大,则水量 V_w 增大,因此,临界表观油速随之减小。

5.3.4 不同上倾倾角时的计算结果

5.3.4.1 临界表观油速

油流携水系统中,偏心大水滴受到作用力有重力(负)、壁面剪切作用力(负)以及油流剪

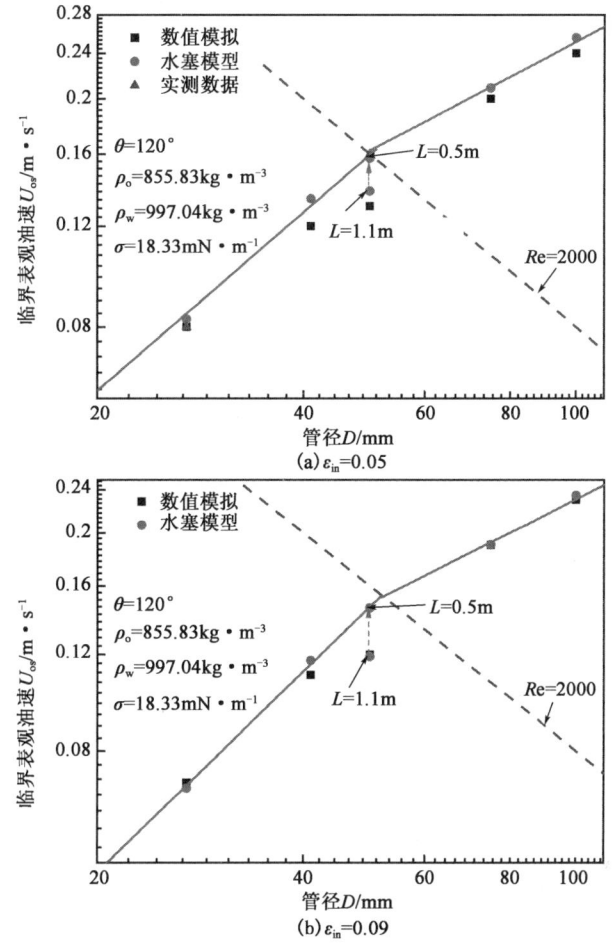

图 5.22　不同管径管路系统中临界表观油速数值模拟结果与水塞模型预测结果的比较

切作用力(正),其中壁面剪切作用力与水相速度 U_w 的平方成正比,油流剪切作用力与两相速度差($U_o - U_w$)的平方成正比,重力在流动方向上的分量与倾角 β 成正比。若倾角增大,则重力在流动方向的分量增大,即水相速度有减小趋势,则水相厚度有增大趋势,因此,临界表观油速随倾角增大有减小趋势。如图 5.23 所示为相同条件下不同倾角时的临界表观油速,发现倾角较小时,临界表观油速随倾角增大而迅速减小,倾角增至一定程度后,临界表观油速变化不大。

分析可知,倾角为 0° 时,相当于水平管段被延长,水相将以约 $0.7U_{os}$ 的平均速度不断向前运动。上倾倾角增至 6° 后,系统的临界表观油速均为 $0.07 \mathrm{m \cdot s^{-1}}$,此时不同倾角的管路系统中积水分布形态如何值得分析。

5.3.4.2　积水分布形态

由图 5.23 知,管径 27mm、初始水相截面含率 0.14 时,对于上倾倾角 $\beta > 6°$ 的管路系统,若表观油速等于临界表观油速 $0.07 \mathrm{m \cdot s^{-1}}$。相同条件下、同一时刻时不同倾角管路系统的积水分布形态如图 5.24 所示,其中 a、b、c、d 分别为倾角 6°、12°、20°、80° 时的计算结果。发现,4

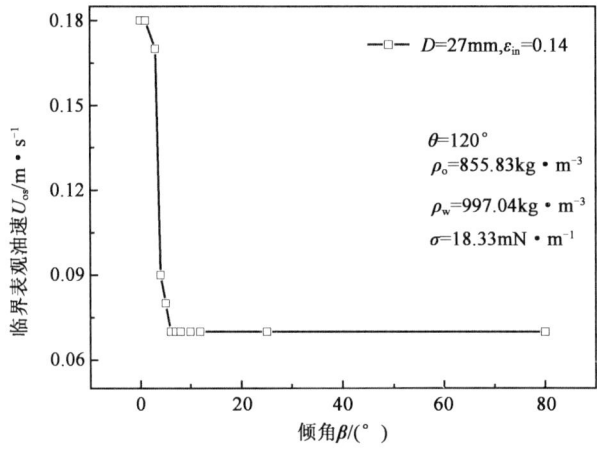

图 5.23　$D=27\text{mm}$、$\varepsilon_{in}=0.14$ 时,不同倾角的管路系统的临界表观油速

个系统中积水主体均停留在水平管段最右侧,均有积水被油流打散并随油流向前运动。可看出,上倾倾角较大时,虽临界表观油速随倾角增大而变化很小,但积水分布形态对倾角的改变却非常敏感。

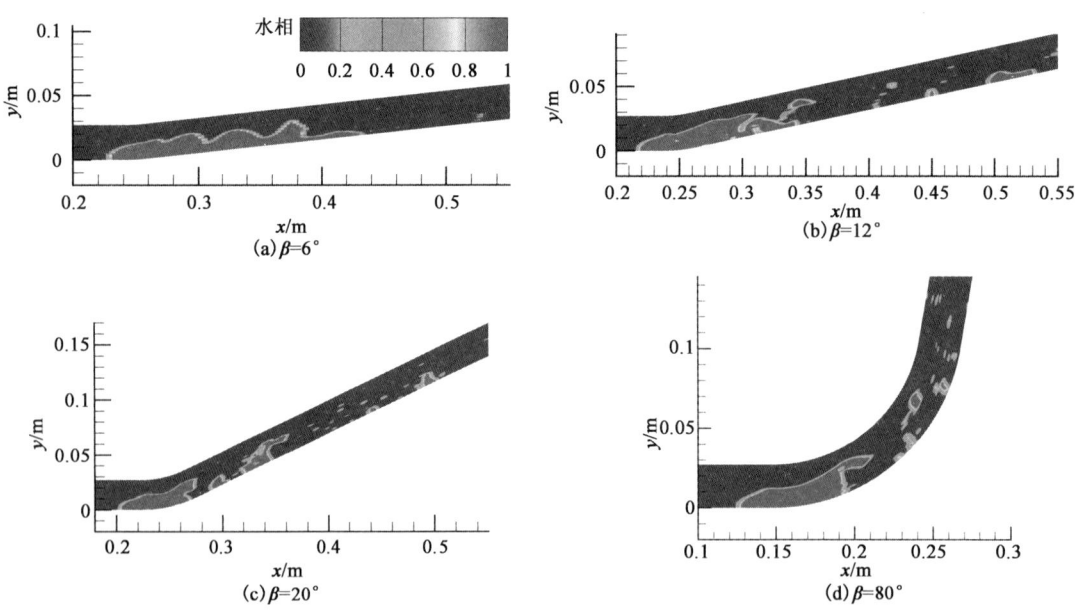

图 5.24　$D=27\text{mm}$、$U_{os}=0.07\text{m}\cdot\text{s}^{-1}$、$\varepsilon_{in}=0.14$、$t=30\text{s}$ 时,不同倾角管路系统的积水分布形态

5.3.5　不同物性参数时的计算结果

5.3.5.1　油—水—固接触角

根据第 5.2.1 小节分析可知,油—水—固接触角(下面简称接触角)不同时,计算结果应有所不同。根据第 2 章实验,表明管壁为油润湿,因此,本章取接触角为 120°。下面分别从积水分布形态和临界表观油速两方面对不同接触角时的工况进行分析。

(1)积水分布形态。

以管径27mm、表观油速0.07m·s^{-1}、初始水相截面含率0.14为例,分析不同接触角在$t=30$s时的积水分布形态,如图5.25所示。可看出,接触角对积水分布形态的影响很大;相同条件下,接触角为60°(管壁为水润湿)时,积水"卡"在拐弯处,进入上倾管段的水量为零;接触角增大为90°(管壁油水润湿性相同)时,有很少一部分积水被剪切进入油流,大部分仍停留在拐弯处,且被打散的贴近管壁的水滴聚并成为大水团,在重力作用下发生回流并可进入积水主体;接触角增至120°(管壁为油润湿)时,被油流打散进入油相的积水增大,即上倾管段的出水量增大。这就表明,接触角越大,临界表观油速减小、进入上倾管段的水量增大。

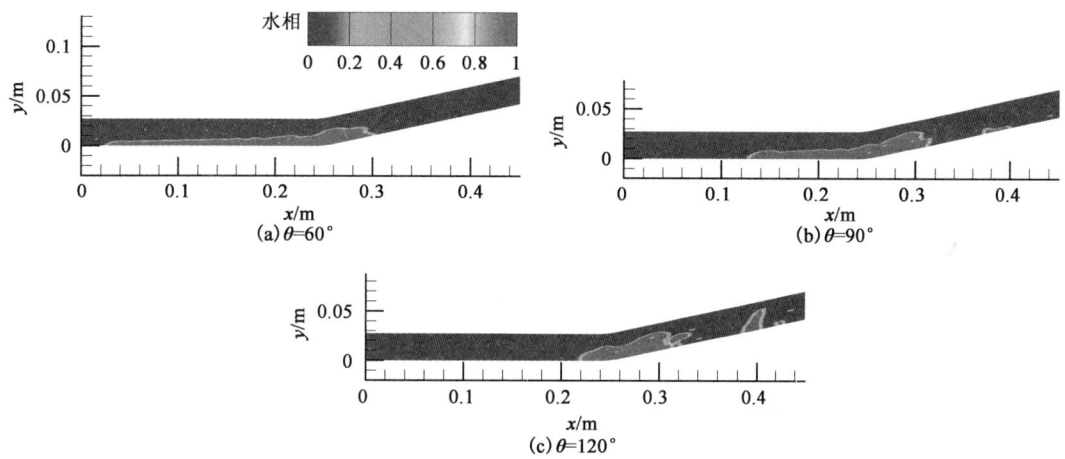

图5.25 $D=27$mm、$U_{os}=0.07$m·s^{-1}、$\varepsilon_{in}=0.14$、$t=30$s时,不同接触角的积水分布形态

(2)临界表观油速。

为验证临界表观油速随接触角增大而减小这一结论的正确性,分析相同条件下不同接触角的临界表观油速:

①$D=27$mm、$\varepsilon_{in}=0.14$时,接触角为60°、90°、120°时油流携水系统的临界表观油速分别为0.08m·s^{-1}、0.07m·s^{-1}、0.07m·s^{-1}。

②$D=50$mm、$\varepsilon_{in}=0.05$时,接触角为60°、90°、120°时油流携水系统的临界表观油速分别为0.15m·s^{-1}、0.14m·s^{-1}、0.13m·s^{-1}。

由上述两算例说明临界表观油速随接触角增大确有减小趋势。同时还发现,壁面润湿性虽对积水分布形态影响明显,但对临界表观油速的影响并不大。

5.3.5.2 油相密度、黏度

实验中因过泵剪切等原因会引起油温升高,进而导致油相的密度、黏度略有变化。第3章中采用水塞模型对不同温度时的油相密度、黏度对水相进入上倾管段的临界条件进行了预测,发现临界表观油速随油相密度、黏度的增大有减小趋势。为进一步确认这一结论,对相同初始条件下,不同密度、黏度时的水相分布形态进行了分析,如图5.26所示。

由图5.26发现,油相密度、黏度越大,油流对积水的剪切作用增强,水平管段无水段长度增大而偏心大水滴长度缩短,临界表观油速应有减小趋势。表5.6为相同工况,不同油相密

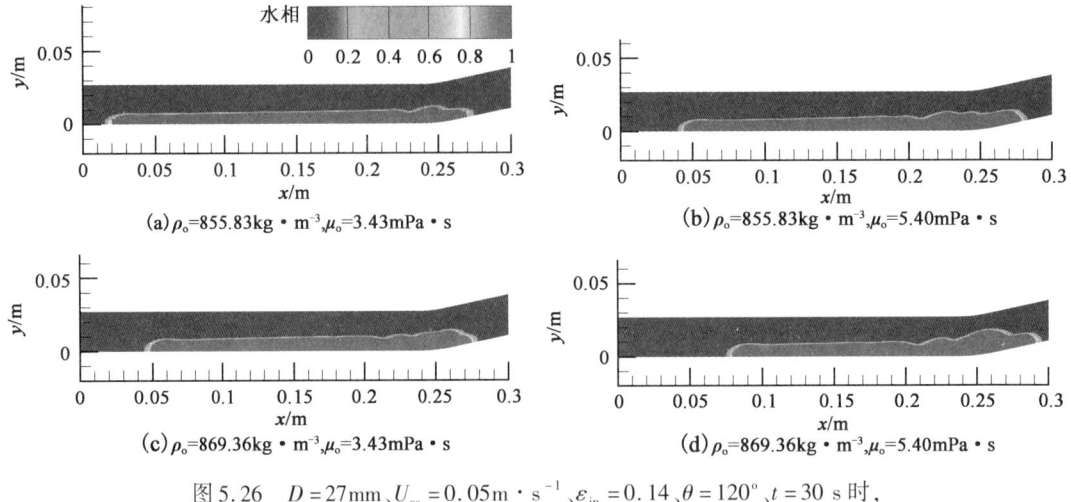

图 5.26　$D=27\text{mm}$、$U_{os}=0.05\text{m}\cdot\text{s}^{-1}$、$\varepsilon_{in}=0.14$、$\theta=120°$、$t=30\text{s}$ 时，
不同油相密度、黏度的积水分布形态

度、黏度时的临界表观油速，进一步证实了临界表观油速随油相密度、黏度的增大而减小。

表 5.6　$D=27\text{mm}$、$\varepsilon_{in}=0.14$、$\beta=12°$ 时，不同物性参数的临界表观油速　　　单位：$\text{m}\cdot\text{s}^{-1}$

$\rho_o=855.83\text{kg}\cdot\text{m}^{-3}$, $\mu_o=3.43\text{mPa}\cdot\text{s}$	$\Delta\rho=13.53\text{kg}\cdot\text{m}^{-3}$, $\Delta\mu=1.97\text{mPa}\cdot\text{s}$	$\Delta\rho=13.53\text{kg}\cdot\text{m}^{-3}$	$\Delta\mu=1.97\text{mPa}\cdot\text{s}$
0.07	0.06	0.07	0.07

5.3.5.3　界面张力

由第 5.2.1.2 小节可知界面张力可通过动量方程中的源项来影响计算结果。对相同初始条件下，不同界面张力时的水相分布形态及临界表观油速进行了分析，如图 5.27 所示为不同界面张力时的水相分布形态。发现，偏心大水滴长度随界面张力增大而减小。另外，分析发现界面张力在 $9\sim36\text{mN}\cdot\text{m}^{-1}$ 范围内时，临界表观油速均为 $0.06\text{m}\cdot\text{s}^{-1}$，即界面张力对临界表观油速影响很小。

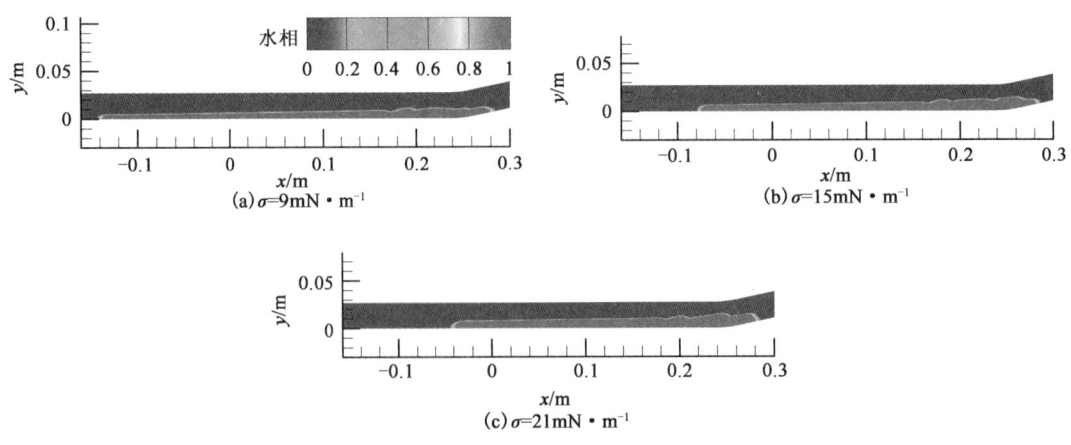

图 5.27　$D=27\text{mm}$、$U_{os}=0.05\text{m}\cdot\text{s}^{-1}$、$\varepsilon_{in}=0.20$、$\theta=120°$、$t=30\text{s}$ 时，
不同油水两相界面张力的积水分布形态

5.3.6 计算结果的各个影响因素

5.3.6.1 初始边界条件

初始边界条件包括入口边界的初始油速分布以及水平管段内的初始积水分布,下面分别对入口边界初始条件及积水分布初始条件对计算结果的影响进行分析。

(1) 入口边界初始条件对计算结果的影响。

以管径41mm、表观油速0.06m·s^{-1}、初始水相截面含率0.14、接触角120°为例,分析常数速度入口边界及抛物线分布速度入口边界对计算结果的影响。图5.28(a)、(b)分别为入口速度为常数(等于U_{os})以及入口速度满足抛物线分布两种初始条件下在$t=30$s时的积水分布形态,图5.29(a)、(b)分别为两种入口边界条件时水平管段上$x=0.2$m截面处的速度分布及剪切速率分布,图中所示界面为水相截面含率等于0.5时的界面位置。

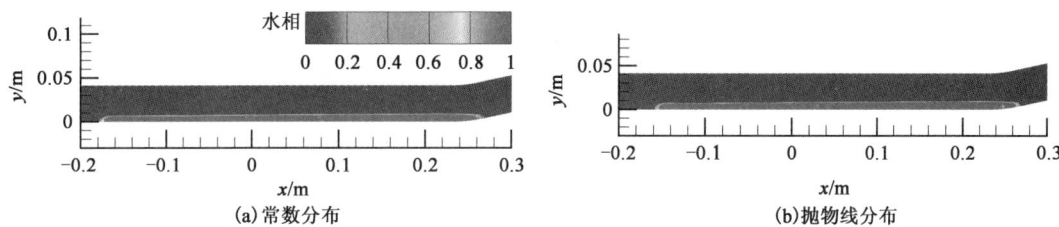

图5.28 $D=41$mm、$U_{os}=0.06$m·s^{-1}、$\varepsilon_{in}=0.14$、$\theta=120°$时,不同入口边界条件的积水分布形态

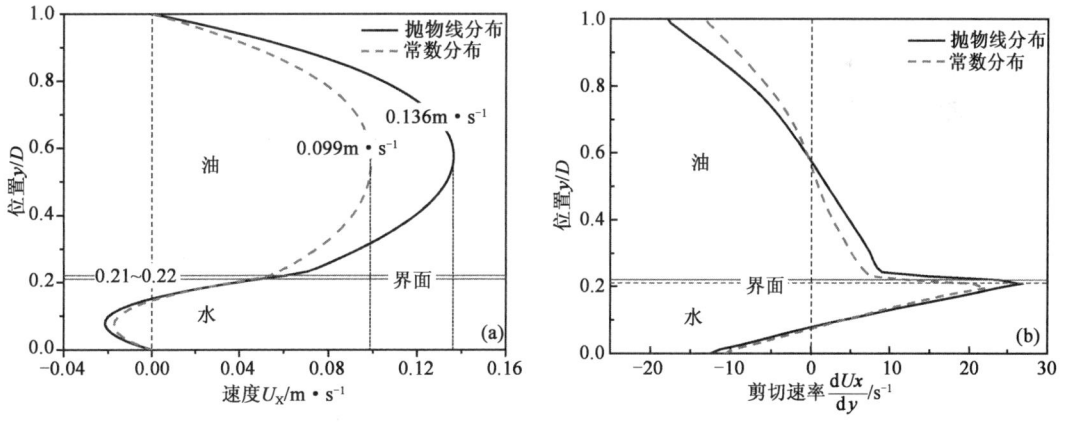

图5.29 $D=41$mm、$U_{os}=0.06$m·s^{-1}、$\varepsilon_{in}=0.14$、$\theta=120°$时,
不同入口边界条件的速度分布及剪切速率分布

结合图5.28、图5.29发现,油相入口速度满足抛物线分布时,计算得到的水平管段无水段长度、偏心大水滴厚度、水相界面处的速度及剪切速率均稍大于入口边界条件为速度满足常数分布时的值。$x=0.2$m位置处油、水两相内部速度的最大误差分别为0.037m·s^{-1}、0.005m·s^{-1},水相截面含率为0.5的位置处速度相差0.012m·s^{-1};油、水两相内部剪切速率的最大误差分别为4.78s^{-1}、1.82s^{-1},水相截面含率为0.5的位置处剪切速率相差3.59s^{-1},即两种入口边界条件得到的积水分布及某位置处的水相速度及剪切速率分布差别不大。因实验中油流进入测试

管段前流经的管长约11m(大于布西内斯克公式计算的最大入口段长度116D),因此本模拟取充分发展的抛物线分布作为速度入口边界条件。

(2)积水分布初始条件对计算结果的影响。

若注入水平管段的水量相同、积水分布形态不同,计算结果可能发生改变。为分析不同初始积水分布形态对计算结果的影响,以管径50mm系统为例,取图5.30所示的三种不同积水分布形态作为积水分布的初始条件,分析其对计算结果的影响。

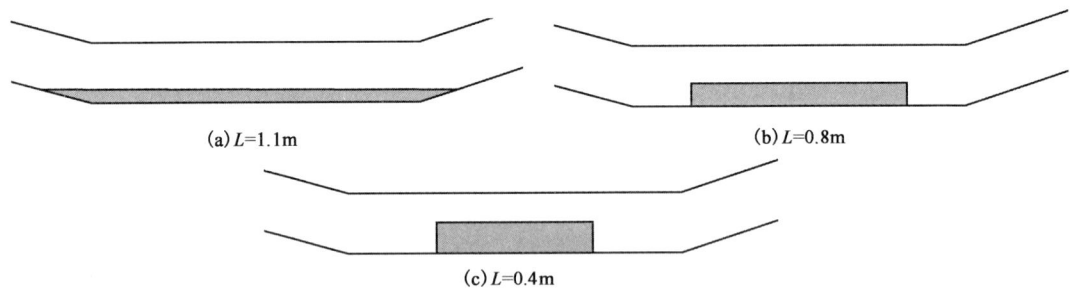

图5.30 不同初始积水分布形态示意图

根据实验观察发现,积水注入测试管段后沿地势最低的水平管段铺展,形成长度小于水平管长的偏心大水滴,因此,数值模拟应采用$U_{os}=0$时稳态的积水分布形态作为积水分布的初始条件。分析$U_{os}=0$时上述三种初始水相分布对应的稳态积水分布形态,如图5.31所示,可看出,三种积水分布初始条件得到的稳态时的积水分布完全一致。采用图5.31所示的稳态积水分布形态作为初始积水分布进行数值计算,并与本章采用的图5.30(a)所示的积水分布形态作为初始边界条件时的结果进行比较。如图5.32所示为管径50mm、表观油速0.12m·s^{-1}在$t=30$s时的积水分布,其中图(a)、(b)分别为稳态积水分布以及积水在整个水平管段上(长L)平铺两种分布形态作为初始边界条件时的计算结果。

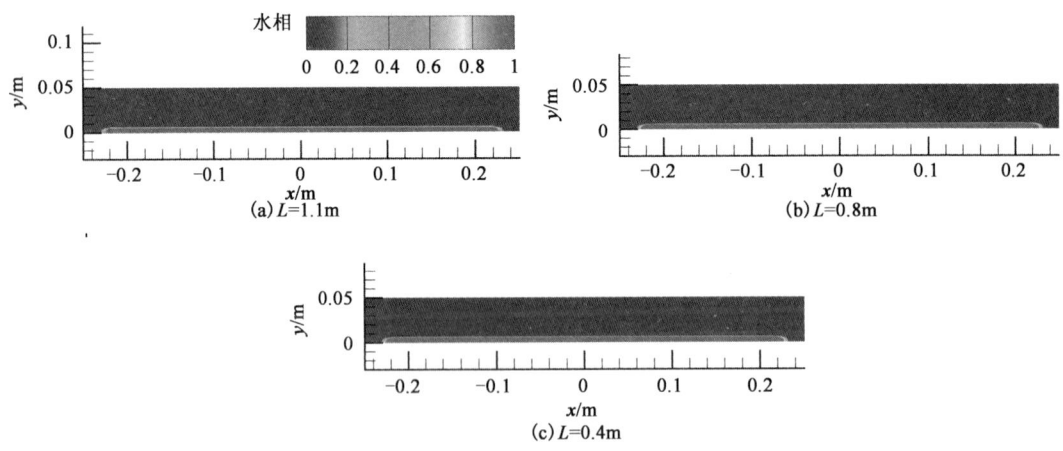

图5.31 三种初始水相分布下、表观油速为零时的稳态积水分布形态

由图5.32可看出两者的计算结果差别很小;同时,数值计算还表明两种初始积水分布形态得到的临界表观油速相等。因此,为提高计算效率,本模拟采用积水平铺在整个水平管段的分布形态作为初始水相分布。

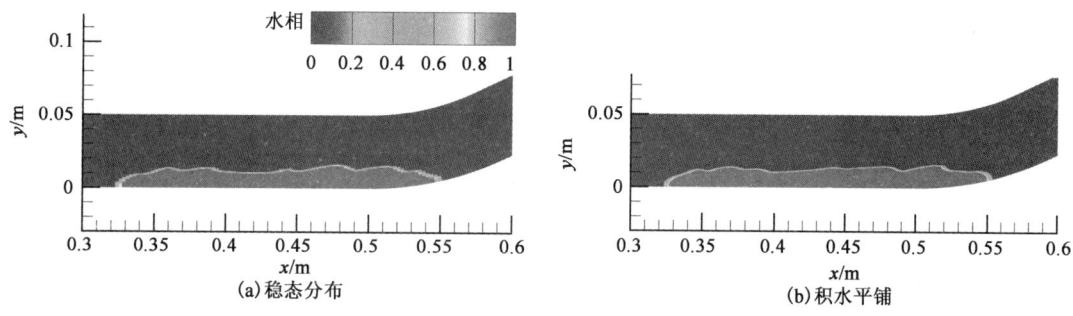

图 5.32 $D=50\text{mm}$、$U_\text{os}=0.12\text{m}\cdot\text{s}^{-1}$时,不同初始边界条件时的积水分布形态

5.3.6.2 下倾管段长度

为提高计算效率,本模拟取下倾管段长 0.2m 的几何模型进行数值计算,因实验管路下倾管段长约 1m,因此需研究下倾管段长度对计算结果的影响。以管径 27mm、表观油速 $0.05\text{m}\cdot\text{s}^{-1}$、初始水相截面含率 0.20、接触角 120° 为例,分析下倾管段长度对计算结果的影响,如图 5.33(a)~(c)所示分别为同一时刻,下倾管段长度为 0.2m、0.5m、1.0m 时的积水分布形态,图 5.34 为不同下倾管段长度在水平管段上 $x=0.2\text{m}$ 截面处的速度分布,图中界面(h/D)为水相截面含率为 0.5 时的位置。由图 5.33、图 5.34 看出,下倾管段长度对计算结果的影响很小,界面处速度最大误差约为 7.5%。因此,本模拟取下倾管段长度为 0.2m 的几何模型得到的计算结果具有较好的参考意义。

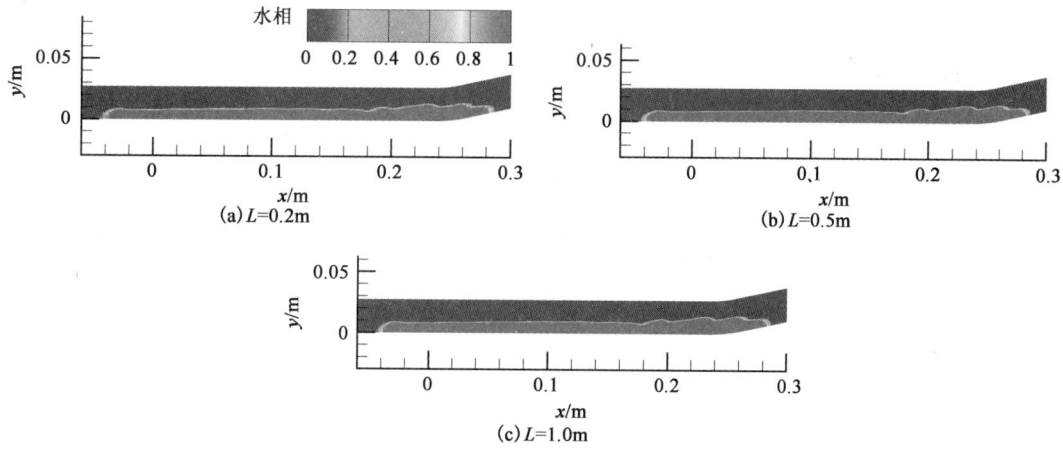

图 5.33 $D=27\text{mm}$、$U_\text{os}=0.05\text{m}\cdot\text{s}^{-1}$、$\varepsilon_\text{in}=0.20$、$\theta=120°$、$t=15\text{s}$ 时,
不同下倾管段长度时的积水分布形态

5.3.6.3 计算趋于稳定的时刻

本模拟对积水分布形态及临界表观油速等参数的分析采用了 $t=30\text{s}$ 时的数值模拟结果,并采用此时刻的结果与实测稳态时的积水分布形态及临界表观油速进行了比较,则上述数据分析的合理性取决于 $t=30\text{s}$ 时数值计算是否达到稳态。

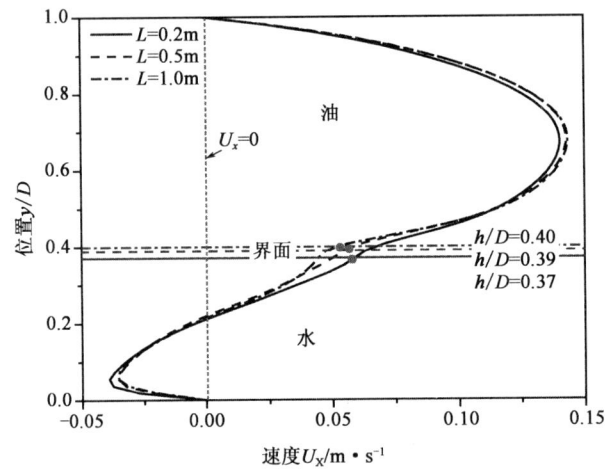

图 5.34　$D=27\text{mm}$、$U_{os}=0.05\text{m}\cdot\text{s}^{-1}$、$\varepsilon_{in}=0.20$、$\theta=120°$、$t=15\text{s}$ 时，
不同入口边界条件时的速度分布图

本章研究对象为表观油速小于等于临界表观油速的工况，通过分析油流携带作用下积水的分布形态来判定某一水相截面含率下的临界工况：若积水界面有水脱离积水主体并形成小水滴或大水团，即为临界表观油速工况，进而将此临界值与实测临界值及理论预测值进行比较；若界面平滑或波动，积水"卡"在管段上倾拐弯处，进而将积水分布形态与实测稳态时的积水分布比较。小于临界表观油速工况时，需保证其计算结果达到稳态；等于临界表观油速工况时，只需确定其积水呈分散水滴分布形态即可。

对相同物性参数、水相截面含率时不同表观油速时数值计算趋于稳定的时刻进行分析，如图 5.35 所示，发现若表观油速小于临界表观油速，计算趋于稳定的时刻均小于 30s，且表观油速越小，计算趋于稳定的时刻越小；水相截面含率不同时，计算趋于稳定的时刻相差不大。这表明可以采用 $t=30\text{s}$ 时的计算结果与实测稳态时的积水分布形态进行比较。

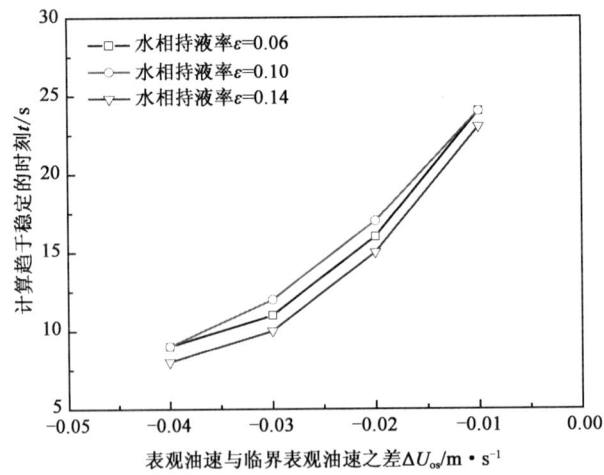

图 5.35　相同物性、水相截面含率，不同表观油速时计算
结果趋于稳定的时刻

5.4 本章小结

利用基于有限体积法的 FLUENT 软件,采用下倾、水平、上倾的地形起伏管段对油流携水问题进行了二维数值模拟,分析了油流携水时的积水分布形态、积水可被油流携带进入上倾管段的临界条件及影响油流携水临界条件的关键参数。

通过比较模拟积水分布形态与实测积水分布形态发现,模拟结果能很好地预测积水分布形态随油相流速增大而发生的变化:油流流速较小时,水相聚集至管段拐弯处,水平管段出现无水段,油水界面平坦,水相完全"卡"在水平管段中;若流速增大,无水段长度增大而偏心大水滴长度减小,水相厚度沿流动方向呈上游小、下游大的梯度分布,若水相厚度最大值超过平滑分层流的临界条件,则界面开始产生波动;随油相流速继续增大,偏心大水滴长度继续减小,水相厚度分布的梯度增大,水相厚度最大值也继续增加,界面波动加剧,加剧至一定程度会有水不断脱离积水主体进入油流中。这与第 2 章中观察到的积水分布形态在不同油相流速时的变化规律具有一致性。将数值模拟及水塞模型得到的临界表观油速与实测临界表观油速进行比较,发现三者吻合较好,误差均处于 30% 之内。

模拟结果进一步验证了理论分析所得到结论的正确性:

(1)积水在油流剪切作用下向水平管段下游聚集,上游出现无水段,水相厚度沿流动方向呈梯度分布趋势,且其变化梯度随油相流速增大而加快。油相流速越大,进入上倾管段的水量越多。若增加注入水平管段的水量,无水段长度减小,同一位置处的水相厚度增大,而积水尾部水相厚度分布基本不变。

(2)若管径不变,临界表观油速随水相截面含率增大而减小;若水相截面含率不变,临界表观油速随管径增大而指数递增,且递增指数取决于油相流态:紊流时,递增指数为 0.63;层流时还与水相截面含率有关,随水相截面含率增大而增大。

(3)油相密度、黏度的增大可使积水受到的油流剪切作用增强,临界油流速减小。

同时,通过对偏心大水滴某位置处的速度及剪切速率分布进行分析发现,积水内部存在回流,油相速度远大于水相速度,油相速度最大值发生在管段轴线及油相中线之间。若界面平坦,油水两相与管壁间的剪切应力均为负,且油相与管壁间的剪切应力的绝对值大于水相与管壁间的剪切应力,界面层内剪切速率恒为正,且随界面层内水相截面含率的增大而增大,直至水相截面含率为 1 时达到最大,越靠近管段下壁面,水相受到的剪切速率越小,直至管壁处达到最小值;若界面波动,积水内部产生涡状流动,流场复杂多变,若表观油速接近临界值,则偏心大水滴动态地"卡"在管段拐弯处。

通过分析各参数对油流携水系统中积水分布形态及临界表观油速的影响发现,管路几何结构、水相截面含率及密度、黏度、接触角以及界面张力等物性参数均可引起积水分布形态的变化;临界表观油速与管段结构、水相截面含率及物性参数有关,其中管径对其影响最大。

对于临界表观油速,若管径、倾角不变:随水相截面含率减小而显著增大,且水相截面含率越小,其增大速率越大;若倾角、水相截面含率不变:随管径增大而指数增大,其递增指数取决于油相流态,紊流时为 0.63,层流时还与水相截面含率有关;若管径、水相截面含率不变:随上倾倾角增大而减小,且上倾倾角越小,其减小速率越大,上倾倾角增至一定程度后,其变化很小。管壁润湿性以及界面张力对积水分布形态的影响明显,但对临界表观油速的影响不大。

在二维数值模拟中,初始水相厚度的定义会对模拟结果产生较大影响。通过与实测数据的比较进一步验证了对于二维计算,应根据两平板模型(无量纲水相厚度等于水相截面含率)来定义水相厚度。若根据双流体模型(管段截面中线处的水相厚度)作为初始条件,则初始水相厚度明显增大,相应的临界油相流速会有所降低,与实测数据的偏差越大。

参 考 文 献

[1] 傅德薰,马延文.计算流体力学[M].北京:高等教育出版社,2002.

[2] Guangli Xu,Lianagxue Cai,Amos Ullmann,et al. Experiments and simulation of water displacement from lower sections of oil pipelines [J]. Journal of Petroleum Science and Engineering,2016,147(11): 829 – 842.

[3] Guangli Xu,Liangxue Cai,Amos Ullmann,et al. Trapped water flushed by f lowing oil in upward – inclined oil pipelines [C]. Proceedings of the 2012 9th International Pipeline Conference,Calgary,Canada,2012.

[4] 许道振,张国忠,SRDJAN Nesic,等.积水在上倾输油管中运动状态研究[J].中国石油大学学报(自然科学版),2012,36(6): 147 – 152.

[5] Magnini M,Thoma J R,Ullmann A,et al. A numerical study of the conditions promoting trapped water displacement from low sections of oil pipelines[C]. 7th European – Japanese Two – Phase Flow Group Meeting,Zermatt,Switzerland,2015.

[6] G. L. XU,L. X. CAI,Z. L. WANG,et al. 3D simulation of local diesel0water two phase f low in a tube with elbow [C]. 2015 International Conference on Industrial Technology and Management Science,2015: 1273 ~ 1276.

[7] 周华,孙为民,徐丽,等.FLUENT 全攻略[EB/OL].流体中文网,2005:63.

[8] Hirt C W,Nichols B D. Volume of fluid (VOF) method for the dynamics of free boundaries [J]. Journal of Computational Physics,1981,39(1): 201 – 225.

[9] Brackbill J U,Kothe D B,Zemach C. A continuum method for modeling surface tension [J]. Journal of Computational Physics,1992,100(2): 335 – 354.

[10] Issa R I. Solution of the implicitly discretized fluid flow equations by operator splitting [J]. Journal of Computational Physics,1986,62(1): 40 – 65.

[11] Patankar S V. Numerical heat transfer and fluid flow [M]. Washington D. C: Hemisphere Publishing Corporation,1980.

[12] 李万平.计算流体力学[M].武汉:华中科技大学出版社,2004.

[13] 山东大学能源与动力工程学院.工程流体力学课件[EB/OL].www. docin. com/p – 50914314. html,2010,10.

第6章
油流携水系统界面失稳三维数值模拟

第5章主要针对第2章中流速较小时的工况(多为层流)进行了二维数值模拟,当油相流速超过第一临界表观油速时,积水进入上倾管段。进入上倾管段的积水下游会被打散,形成若干小水滴以及大水团,而采用分散流模型对其进行分析预测却发现预测临界条件过大(详见第3章),有学者提出积水下游呈分散流是由于界面失稳导致的[1],认为由于油水界面失稳导致水相以液滴形式进入油相,而水滴不断聚结、沉降,形成回流,并在管道中形成动态平衡,难以排出管路。

本章主要针对油水界面波动甚至有产生大量水滴(大于第一临界表观油速)的工况,利用FLUENT软件分析起伏管路、倾斜管路中油水界面波动失稳及积水的运动。根据第2、5章内容可知,若油速大于第一临界表观油速,积水界面开始产生波动,有水滴或水团脱离积水主体进入油相;若油速超过第一临界表观油速而小于第二临界表观油速,积水将聚集在弯管处,一旦油速超过第二临界表观油速,积水将全部进去上倾管段。本章将重点分析油速超过第一临界表观油速后的积水分布特征以及积水内部流场(包括积水平均运动速度、积水回流速度以及回流体积)。

6.1 几何模型及网格划分

6.1.1 几何模型

由第5章可知,下倾管段长度对计算结果影响非常小。若油相表观速度较小,大部分积水卡在拐弯处,积水在水平管段、上倾管段均有分布;而油相表观速度增大至第二临界表观油速后,积水全部进入上倾管段。因此,油相速度小于第二临界表观油速时,几何模型取水平、上倾管段组成的起伏管段;油相速度超过第二临界表观油速后,几何模型仅取上倾管段。采用前处理软件 GAMBIT 对上述两类几何模型进行三维建模,如图6.1所示为起伏管段的几何模型图。对于上倾直管段模型,可采用一定长度、直径的上倾直管段,也可采用水平直管段代替,只需通过在轴向和径向施加不同的重力分力来实现上倾倾角的模拟。

利用 GAMBIT 建立图6.1所示的几何模型时,首先绘制一个圆面,利用拉伸功能得到水平管段,再利用旋转功能得到弯头(旋转角度取决于上倾管段的倾角),然后将坐标系旋转,在新的坐标系中利用拉伸功能得到上倾管段。若仅绘制一定倾角的上倾直管段,则首先需将坐标系旋转,在新坐标系中建立面,然后拉伸一定长度即可。

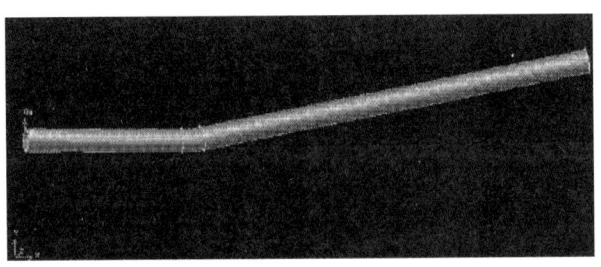

图6.1 起伏管段几何模型

6.1.2 网格划分

三维数值模拟在划分网格时,应考虑如下三点:网格初始化的时间、计算时间、数值耗散。对于某些较复杂的几何结构,采用结构网格或块结构网格划分会花费大量的时间。因此,为了减少初始化的时间,选择三角形或四面体网格更为合适。当遇到几何外形复杂或者流动的长度尺度过大的情况时,选择三角形或四面体网格更合适,其所生成的网格数会比相同条件下的四边形或六面体网格的网格数少很多。而对于相对简单的几何结构,采用高纵横比的四边形网格和六边形网格则会更经济一些。解决数值耗散问题常用办法就是细网格,这与网格类型密切相关。因此,对于简单的流动,要尽量择四边形或六面体单元,因为若使用三角形或四面体网格,流动与网格无法一致,而四边形或六面体网格则会将数值耗散降至最低,也就可以使用更少的网格得到更好的数值解结果。

除弯管处,所使用的网格几何结构均为圆柱体,形状较规则,网格划分也相对较为容易。综合考虑上述网格划分的注意事项,采用如下的网格划分策略:对于面网格的生成,采用非结构四边形网格;对于体网格的生成,采用Cooper方法的混合网格。

为得到网格无关性的网格划分密度,选取不同的网格密度进行数值计算,发现网格密度越大,每个时间步的迭代残差越小。但是网格密度达到一定程度后,残差下降的幅度减少,此时再增加网格密度,对计算精度的提高作用不明显,反而大大增加了计算时间。经过多次试算以及网格无关性计算,所建模型网格数大约在30万个左右,此时既保证了计算精度,计算耗费时间也在可以承受的范围内。

6.2 数学求解模型

三维数值模拟的求解模型、求解器、离散格式、计算参数以及边界条件与第5章所述的设置均类似,但初始条件的设置与第5章存在明显差异。多相流模型选取VOF模型以及描述界面张力的CSF模型,流动模型的选取根据入口油流的雷诺数:对于$Re<2000$的工况,选取层流模型;对于$Re>2000$的工况,选取湍流模型中Realizable $k\sim\varepsilon$模型。求解器与离散格式的确定基本沿用二维数值模拟的设置:基于压力求解器、二阶迎风离散格式、PISO压降—速度耦合算法,最大允许库朗数(Global Courant Number)为0.25。计算参数及物性参数依旧采用第5章的数据,边界条件为速度入口边界条件、压力出口边界条件、壁面无滑移边界条件。

对于水平、上倾管段组成的带弯头模型,初始条件的设置方法与二维数值模拟相同:除设定初始状态下的油相流速外,在计算开始前,在管道底部应具有一定厚度的静止水相,以模拟低洼处积水的现象。使用 FLUENT 两相流模型中所提供的 Patch 功能,在弯管的水平段设置一定厚度的水相,并使水相初始的速度为 0。这样,计算开始后,可以比较近似的模拟出油相携带水相的现象。

对于水平直管段模型,出口边界与壁面边界与水平、上倾管模型一致,均为出口表压为零、壁面为固体无滑移边界。入口也采用速度入口边界条件,即油水两相的速度为定值,但设置方式不同,采用许道振[1]提出的入口速度边界条件。由于已知量为油相的表观流速,输入边界条件时需要将表观流速(superficial velocity,U_{os})转换为当地流速(in-situ velocity,U_o),如式(6.1)所示。水相的速度未知,由于水相的动量全部来源于油水两相间的动量传递。在水平段,流型为分层流,油相通过界面处的剪切力将动量传递给水相,因此做如下假设:水相的速度与油相的速度成正比,在积水运动初期水速较低,k 取值 0.1~0.2,如式(6.2)所示。

$$U_{o,x} = U_{os}/(1-\varepsilon_w), U_{o,y}=0, U_{o,z}=0 \tag{6.1}$$

$$U_{w,x} = k \cdot U_{o,x}, U_{w,y}=0, U_{w,z}=0 \tag{6.2}$$

为分析油水界面波动是否稳定,通过在入口引入微小波动来模拟流型从分层流向分散流的转换。由于界面波动,入口处油水界面的位置随时间呈周期性变化。

$$y = A \cdot \sin(\omega \cdot t) + h \tag{6.3}$$

式中 y——入口处油水界面的即时高度,m;

h——入口处水相的平均高度,m;

A——引入的界面微小波动的波幅,取值不大于 0.1 倍的入口处积水平均高度 h,m;

ω——波动频率,Hz;

t——时间,s。

6.3 模拟结果及验证

本章采用的后处理方式与第 5 章相似。利用 TECPLOT 软件等将积水流动特征进行直观图形化处理,同时将计算结果导出为 ACSII 格式数据,利用 EXCEL、Origin 软件对结果进行分析处理。

6.3.1 水平、上倾管段模型

通过第 5 章计算已知,积水在油流剪切作业下呈现的流动特征与油相表观速度、上倾倾角等因素有关。本节选取管径 50mm、油相介质为柴油的工况,分析水相流动特征的影响因素。

6.3.1.1 不同表观油速时的计算结果

选取上倾倾角 20°工况为例,分析不同的油相表观流速对水相流态的影响。图 6.2 给出了初始水相截面含率为 0.1,油相表观流速 $U_{os}=0.13\text{m}\cdot\text{s}^{-1}$、$0.17\text{m}\cdot\text{s}^{-1}$、$0.21\text{m}\cdot\text{s}^{-1}$ 时积水分布形态。

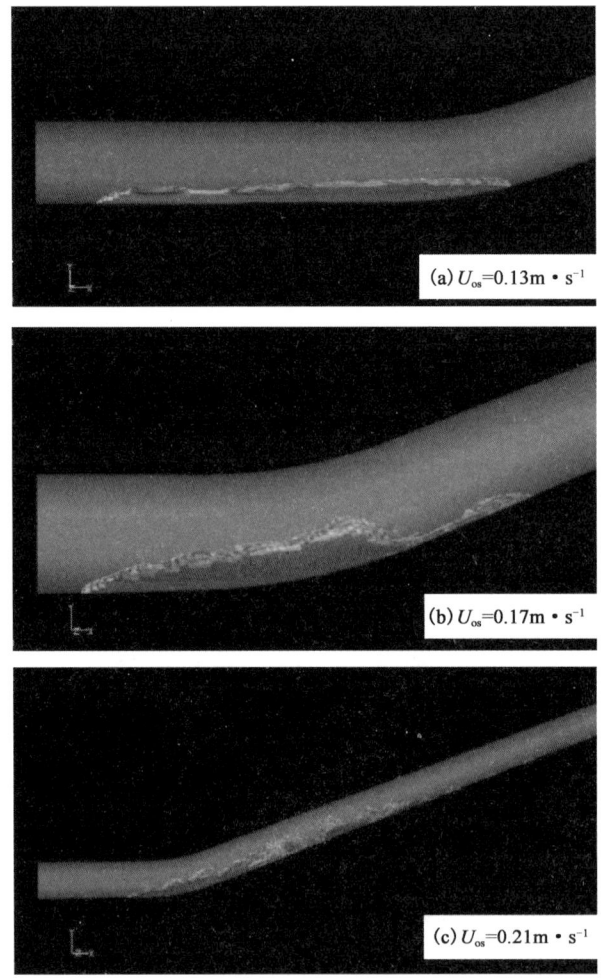

图 6.2 管径 50mm、初始水相截面含率 0.1,不同油相表观油速时的积水分布形态

由图 6.2 可看出,在油相表观流速 U_{os} 较小时,水相聚集在水平管段,油水界面平稳,仅有微小的扰动,没有水进入上倾管段,积水被卡在弯头处,此时积水不能被排出管路;随着 U_{os} 的增大,积水进一步向弯头处聚集,积水厚度增大,呈上游小下游大的梯度分布,水相下游头部进入上倾管段,且在上倾管段的积水头部出现了界面稳定的波浪流,积水下游头部有水团从积水主体脱离,而积水上游尾部界面波动较小甚至无波动;随 U_{os} 进一步增大,界面波动逐渐增强,且波动幅度增大,积水进入上倾管段并爬过更远的距离,由于界面不稳定,产生水滴脱离积水主体进入油相的波浪流。

6.3.1.2 不同初始水相截面含率时的计算结果

以管径 50mm、倾斜角度 10°、油相表观流速 $U_{os}=0.17\text{m}\cdot\text{s}^{-1}$ 为例,分析不同初始水相截面含率时的积水分布形态,并与实测结果进行了对比,如图 6.3、图 6.4、图 6.5、图 6.6 所示分别为不同初始水相截面含率(0.1、0.2、0.3、0.4)时,积水分布形态的模拟结果与实测结果。由图 6.3~图 6.6 发现数值模拟结果与实验所得积水分布形态非常相似。

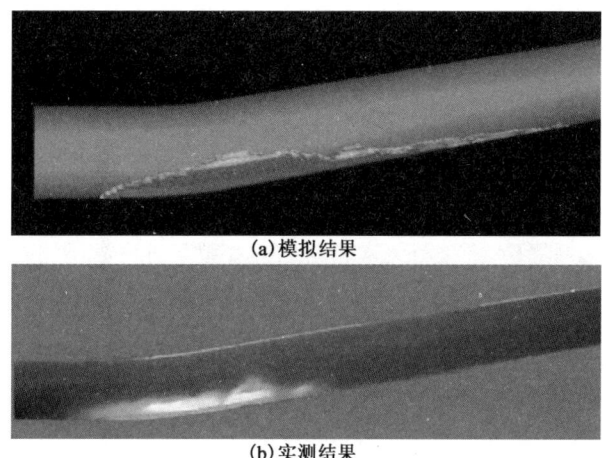

图6.3 管径50mm、上倾倾角10°、表观油速0.17m·s^{-1}、初始水相截面含率0.1时积水分布形态

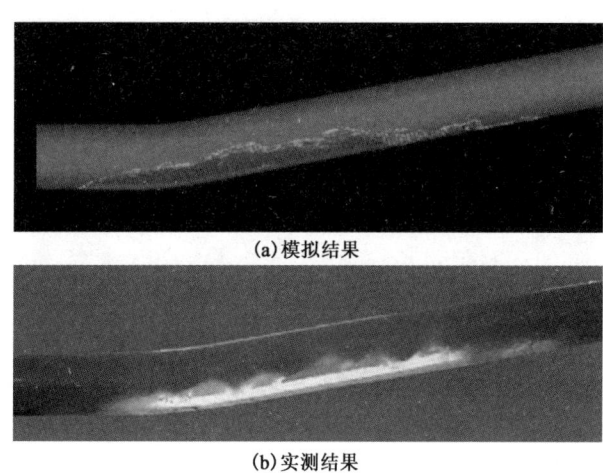

图6.4 管径50mm、上倾倾角10°、表观油速0.17m·s^{-1}、初始水相截面含率0.2时积水分布形态

由图6.3~图6.6分析可得,表观油速为0.17m·s^{-1}、初始水相截面含率在0.1~0.4范围内时,大部分积水进入上倾管段,油水两相界面存在波幅较大的波动,且波动集中在积水中部,下游头部较薄且有水滴聚集、沉降,上游尾部处于水平管段,近乎界面光滑。此时,积水仍有部分残余在水平管段,根据第2.5.2.2小节可知,第二临界表观油速为积水全部进入上倾管段时的最小表观油速,即图6.3~图6.6所示工况下,第二临界表观油速均大于0.17m·s^{-1}。

若油速小于第二临界表观油速,水相在弯头处的分布与初始水相截面含率有关。初始水相界面含率越大,油相在油水两相共存的管段处流通面积减小,其在界面处的速度增大,使更多的水相被携带到上倾管段。当水相初始截面含率继续增大到一定程度时,水相在弯管后的上倾管段分布长度会继续增大,而高度则没有明显增加,不会产生段塞流的情况。也就是说,初始水相截面含率增大时,积水进入上倾管段后的截面含率(即高度)不会随之增大,而是沿流动方向延长。这是因为油水界面处受到油流的剪切和冲刷,水相具有较大的速度,这部分水

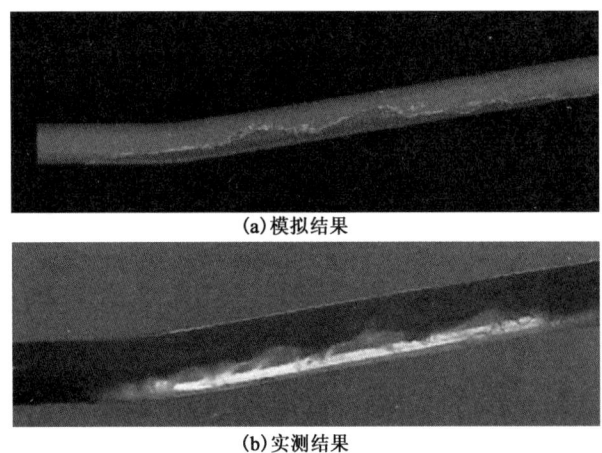

(a)模拟结果

(b)实测结果

图 6.5　管径 50mm、上倾倾角 10°、表观油速 0.17m·s^{-1}、初始水相截面含率 0.3 时积水分布形态

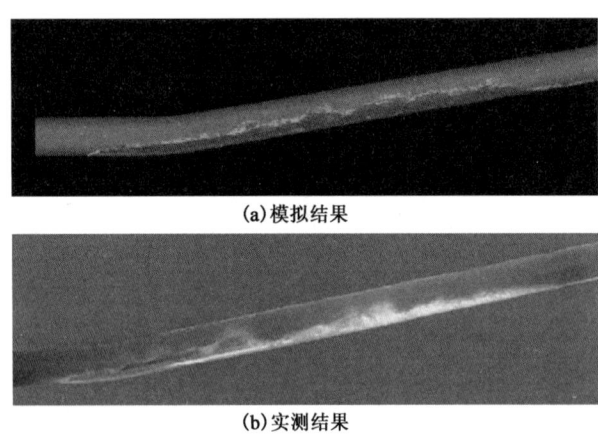

(a)模拟结果

(b)实测结果

图 6.6　管径 50mm、上倾倾角 10°、表观油速 0.17m·s^{-1}、初始水相截面含率 0.4 时积水分布形态

有沿管道向上运动的趋势,使积水在上倾管段的分布长度增加;另外,由于重力沿轴向分力的作用,在上倾管段分布的水相,其截面含率越大,靠近管壁处的回流速度越大,从而会有更多的水相回流到水平段。

6.3.1.3　不同上倾倾角时的计算结果

通过二维数值模拟发现,上倾角度不同、油相表观流速相同条件下,积水分布形态不同。选取 $U_{os}=0.15\text{m}\cdot\text{s}^{-1}$ 的工况,分析上倾倾角分别为 10°、15°、20°时积水的分布形态,如图 6.7 所示。由图 6.7 可看出:$U_{os}=0.15\text{m}\cdot\text{s}^{-1}$ 条件下,三种不同上倾倾角工况下积水均聚集在弯管段,不能全部进入上倾管段;倾角越大,卡在弯头处的水量越多。在倾角为 10°的情况下,油水界面是稳定的,没有水滴进入油相;倾角为 15°时,在积水下游头部(最前端)开始有水滴产生,并脱离水相向上运动;倾角为 20°时,在积水下游头部液滴脱离积水主体变得更加剧烈,并且在油水整体界面处,也产生水相液滴并进入油相。这就意味着,上倾角度越大,油水界面越不稳定,越容易形成水相液滴。同时,若表观油速为 $0.15\mathrm{m\cdot s^{-1}}$,由图 6.7 说明上倾倾角在 $10°\sim20°$ 范围内时,积水不能被全部携带出去,换句话说,表观油速为 $0.15\mathrm{m\cdot s^{-1}}$ 时,积水可完全被排出的临界倾角小于 $10°$。

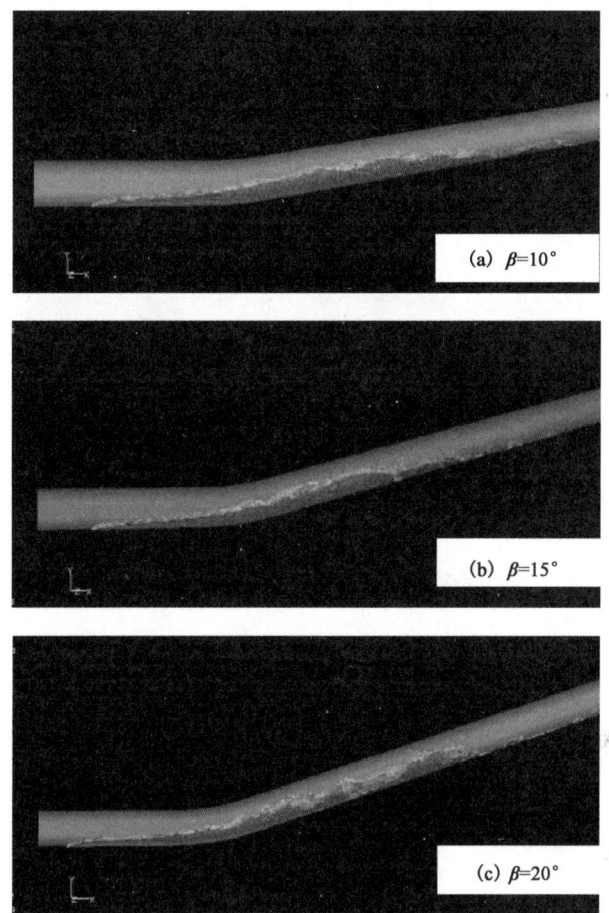

图 6.7　管径 50mm、表观油速 $0.15\mathrm{m\cdot s^{-1}}$、初始水相截面含率 0.1,不同上倾倾角时的积水分布形态

根据 KH 稳定分析的理论,界面失稳的原因为界面处的波动所造成的流场扰动克服黏性以及界面张力的作用,使得水滴脱离水相整体进入油相。在计算中发现,在流场作用下,在水相最前端,一部分水相脱离整体形成液滴,并在油相的推动作用下继续向前运动。油水整体界面处,由于油相表观流速较低,界面失稳不会进一步发展,液滴在重力作用下会下落到管道下部的水相整体中去。

6.3.2　上倾直管段模型

6.3.2.1　积水分布形态

当表观油速继续增大至使得全部积水进入上倾管段后,采用上倾直管段模型对积水进入上倾管段后的运动特征进行模拟分析。此时,油相表观速度大于等于第二临界表观油速。如

图 6.8 ~ 图 6.10 所示为管径 $D=50\text{mm}$、初始水相截面含率 $\varepsilon_w=0.1$、上倾倾角 $\beta=10°$ 条件下，表观油速 U_{os} 分别为 $0.21\text{m}\cdot\text{s}^{-1}$、$0.23\text{m}\cdot\text{s}^{-1}$、$0.25\text{m}\cdot\text{s}^{-1}$ 时的积水分布形态以及流场分布。由图 6.8 ~ 图 6.10 可看出，在油相表观流速 U_{os} 取 $0.21\text{m}\cdot\text{s}^{-1}$ ~ $0.25\text{m}\cdot\text{s}^{-1}$ 范围内，积水在上倾管段内均为界面波动三层流——密度最大的自由水相为最底层，一定厚度的水滴中间层，密度最小的油相为最上层。界面失稳均比较严重，波动波幅较大。底层自由水相存在回流现象，表观油速越大，回流速度减小。另外，水相在上倾管内的截面含率随表观油速的增大有减小趋势，界面波浪的波幅也有下降趋势。在 $U_{os}=0.21\text{m}\cdot\text{s}^{-1}$ 时，虽然界面处波幅较大，但水相整体速度接近为零，水相上游尾部会出现沿管道略有上升然后又向下滑落的往复运动情况。积水中部、上游尾部的截面含率相对较大，而积水下游头部，截面含率相对较低，并不断有水滴脱离积水主体向前运动。

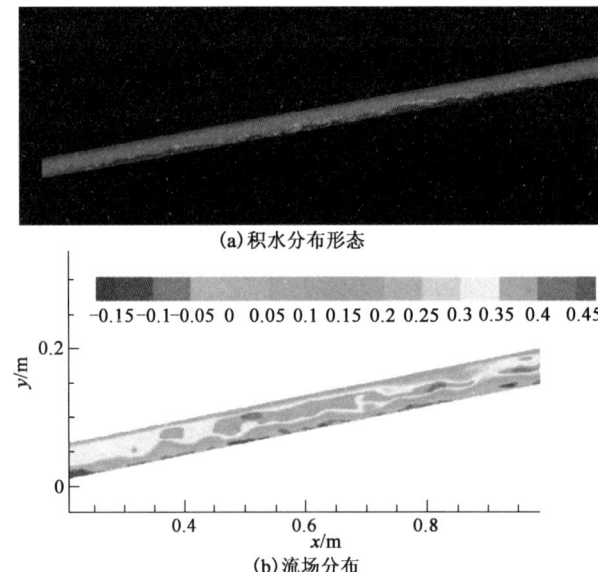

图 6.8　$D=50\text{mm}$、$\varepsilon_w=0.1$、$\beta=10°$、$U_{os}=0.21\text{m}\cdot\text{s}^{-1}$ 时的积水分布形态及流场分布

基于上述分析，若油流速度超过第二临界表观油速，积水全部进入上倾管段，且界面波动剧烈，甚至接近管顶。油流速度越大，积水向上爬坡越远。不过，当油速比第二临界表观油速稍大时，积水并不能完全被携带沿管路上移，底部自由水层具有一定的回流速度（由流场分布图可知）。

6.3.2.2　水相运动速度

若油速不足够大，积水内部存在回流，最大回流速度以及流动速度为负的积水体积量占积水总体积的比例可反映出积水的运动情况。通过用户自定义函数（UDF）遍历整个流场，可统计处流场内积水回流速度的最大值；同时，也可找到积水内部速度为负的各单元，将各网格单元体积相加得到积水回流总体积，再除以积水总体积即得到积水的回流体积比。图 6.11（a）为在管径 $D=50\text{mm}$、初始水相截面含率 $\varepsilon_w=0.1$、上倾倾角 $\beta=10°$ 条件下，积水内部最大回流速度随表观油速的变化；图 6.11（b）为相同条件下，回流体积比随表观油速的变化。由图 6.11（b）可发现，回流体积比随表观油速的增大而减小，在 $0.21 \sim 0.29\text{m}\cdot\text{s}^{-1}$ 的模拟流速范围

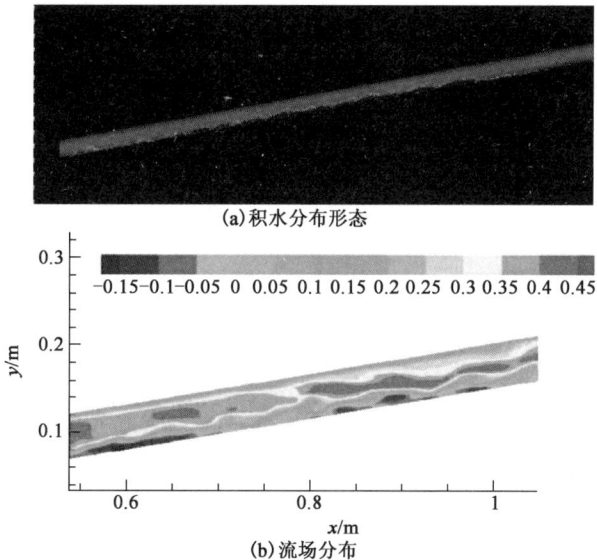

图 6.9　$D=50\text{mm}$、$\varepsilon_\text{w}=0.1$、$\beta=10°$、$U_\text{os}=0.23\text{m}\cdot\text{s}^{-1}$时的积水分布形态及流场分布

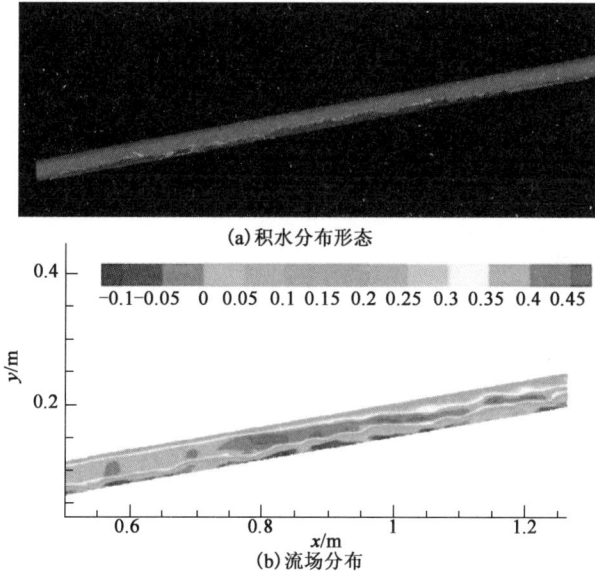

图 6.10　$D=50\text{mm}$、$\varepsilon_\text{w}=0.1$、$\beta=10°$、$U_\text{os}=0.25\text{m}\cdot\text{s}^{-1}$时的积水分布形态及流场分布

内,近乎满足幂指数关系,如式(6.4)所示。表观油速从 $0.21\text{m}\cdot\text{s}^{-1}$ 升至 $0.29\text{m}\cdot\text{s}^{-1}$,回流体积比从约 50% 降低到 10%。

$$r = 5.37^{e(-U_\text{os}/0.09)} - 0.06 \tag{6.4}$$

式中　r——积水回流体积比;

　　　U_os——表观油速,$\text{m}\cdot\text{s}^{-1}$。

由于油水界面处积水受到油流剪切作业最强,界面处积水的流动速度应最大,由于底部自由水层存在回流速度,因此积水内部存在涡状流。由图 6.11(a)可看出,积水最大回流速度随着表观油速的增大而减小,说明积水在较大表观油速剪切作业下的爬坡能力增强,积水的整体平均速度应有增大趋势。通过分析相同条件下倾角15°、20°时的积水最大回流速度以及回流体积比(图6.12),发现上倾倾角越大,相同表观油速时的最大回流速度越大,回流体积比也越大。

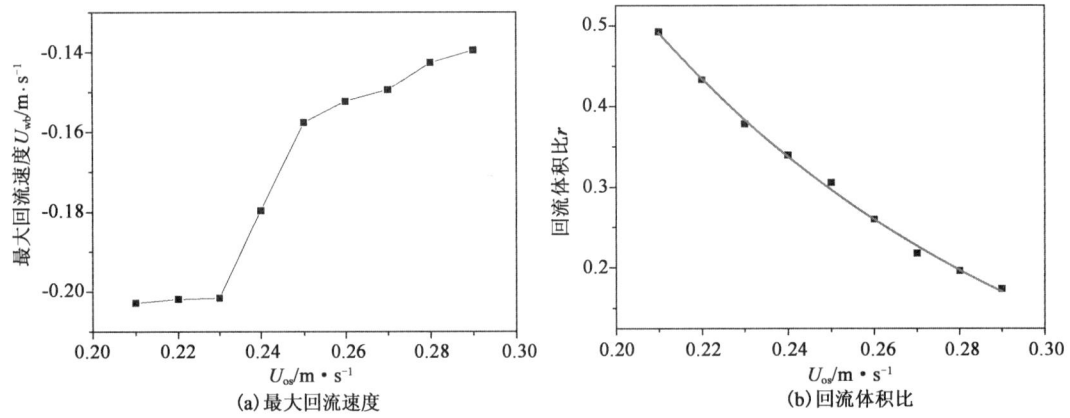

图6.11 不同表观油速时的最大回流速度及回流体积比

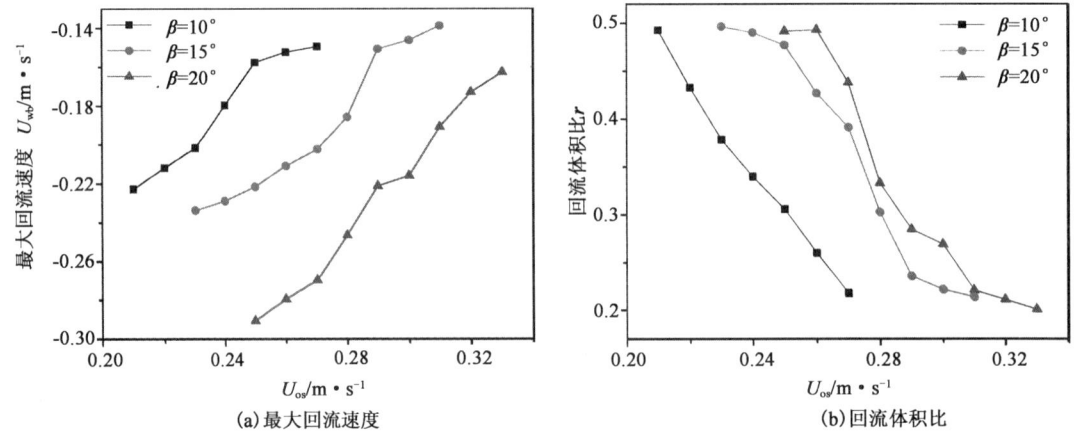

图6.12 不同上倾倾角、表观油速时的最大回流速度及回流体积比

对于积水运动速度而言,仅分析积水最大回流速度以及回流体积比还不足,还需分析积水的平均运动速度。积水平均运动速度也可采用用户自定义函数UDF功能编写程序求解,由于在积水下游头部有水滴或水团脱离了积水主体进入油相而具备了更强的运动能力,这里只寻求积水主体的平均运动速度U_w。首先,确定模拟区域内积水主体占据的网格单元,读取每一个水相单元的速度,然后将整个积水主体区域内所有单元体积与速度之积相加,最后除以积水主体的体积,便可求得积水主体的平均运动速度U_w。在管径$D=50mm$、初始水相截面含率$\varepsilon_w=0.1$条件下,不同上倾倾角时水相平均运动速度随表观油速的变化如图6.13所示。

由图6.13可看出,积水平均运动速度随表观油速的增大而增大,基本呈线性递增关系。第2章中通过实验测试得到积水平均运动速度与油相表观速度之间存在速度滑移,两者满足漂移流模型,即水相平均运动速度随表观油速的增加而线性增大,两者吻合程度较高。

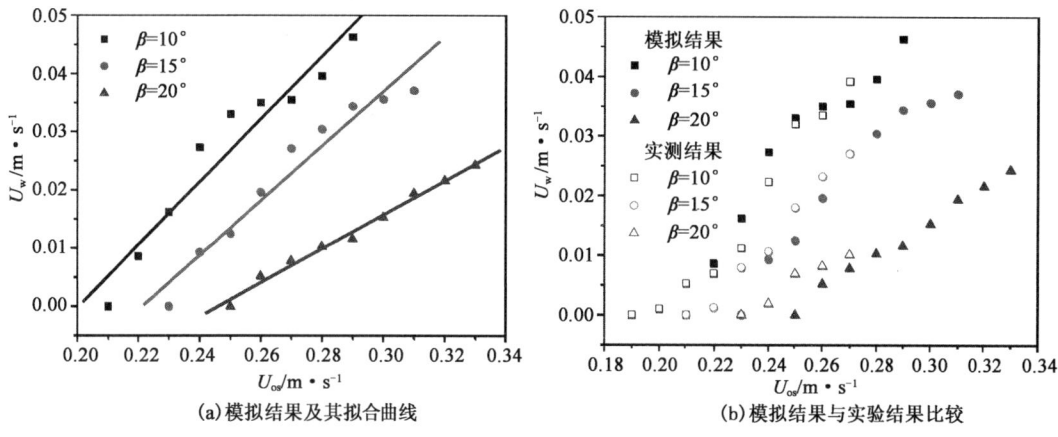

图 6.13　不同上倾倾角时的积水平均运动速度

6.3.2.3　第二临界表观油速

积水全部进入上倾管段时的表观油速被定义为第二临界表观油速。通过三维模拟获得了不同条件下的第二临界表观油速，表 6.1 为第二临界表观油速的模拟结果与实测结果的比较。发现，初始水相截面含率在 0.1~0.4 范围内，第二临界表观油速变化较小，但受上倾倾角影响较明显；上倾倾角在 10°~20° 范围内时，第二临界表观油速随上倾倾角增大而增大。通过与实测值进行比较，发现最大误差约为 21.1%。

表 6.1　第二临界表观油速的模拟值及其与测试值的比较　　单位：m·s⁻¹

初始水相截面含率 ε_w	上倾倾角 β					
	10°		15°		20°	
	模拟值	实测值	模拟值	实测值	模拟值	实测值
0.1	0.19	0.18	0.23	0.19	0.25	0.22
0.2	0.20	0.18	0.24	0.20	0.24	0.23
0.3	0.20	0.19	0.23	0.21	0.25	0.23
0.4	0.20	0.19	0.23	0.20	0.25	0.23

6.4　本章小结

利用基于有限体积法的 FLUENT 软件、采用水平—上倾地形起伏管段以及上倾直管段对油流携水问题进行了三维数值模拟，重点分析表观油速较大时（接近第二临界表观油速）的流动特性。分析了油流携水时的积水分布形态、积水回流速度、积水平均运动速度以及全部进入上倾管段的临界条件。

通过比较模拟积水分布形态与实测积水分布形态发现，模拟结果能很好地预测积水分布形态随油相流速、上倾倾角及初始水相截面含率变化而发生的变化：油流流速较小（小于第二临界表观油速）时，水相聚集至管段拐弯处，水相完全"卡"在水平管段中，水相厚度沿流动方向呈上游小、下游大的梯度分布,且下游头部因水相厚度较大而界面产生波动,上游尾部水相厚度较小而界面相对光滑;若流速增大,积水进一步向弯管处聚集,下游头部因水相厚度增大而界面处波动更为剧烈,加剧至一定程度会有水不断脱离积水主体进入油流中;随油相流速继续增大(超过第二临界表观油速),全部积水进入上倾管段,积水下游头部、中部均波动较强,上游尾部波动较小。将第二临界表观油速的数值模拟与实测积水进入上倾管段的临界表观油速进行比较,发现两者吻合较好,最大误差约21.1%。

同时,通过对积水内部流场分析发现,积水内部存在回流,最大回流速度随着表观油速的增大而减小,积水回流的体积占积水主体体积的比例随表观油速的增大而减小,在 0.21~0.29 m·s^{-1} 的模拟流速范围内,近乎满足幂指数关系。上倾倾角在 10°~20° 范围内时,积水平均运动速度随表观油速的增大而线性递增,上倾倾角越大,递增的速率减小。

本章最后对第二临界表观油速进行了分析,发现初始水相截面含率在 0.1~0.4 范围内,第二临界表观油速变化较小,但受上倾倾角影响较明显;上倾倾角在 10°~20° 范围内时,第二临界表观油速随上倾倾角增大而增大。

参 考 文 献

[1] 许道振.成品油管道中积液运动特性研究[D].青岛:中国石油大学(华东),2013.

主要符号表

Ⅰ.物理量(英文字母)

S_o	油相湿周,m	D	管道直径,m
S_w	水相湿周,m	L_{dry}	水平管段无水段长度,m
S_i	油水两相界面湿周,m	B	Bond 数
A	管道横截面积,m²	Eo	Eotvos 数
A_o	油相流通面积,m²	U	电压,V
A_w	水相流通面积,m²	T	摄氏温度,℃
g	重力加速度,m·s⁻²	Q	流量,m³·h⁻¹
f_o	油相摩阻系数	V_w	注水量,mL
f_w	水相摩阻系数	V_e	进入上倾管段的水量,mL
f_i	油水两相界面处摩阻系数	V_{out}	出水量,mL
U_o	油相流速,m·s⁻¹	p	压强,Pa
U_w	水相流速,m·s⁻¹	U_{po}	油相的局部速度分布,m·s⁻¹
U_{os}	油相表观速度,m·s⁻¹	U_{pw}	水相的局部速度分布,m·s⁻¹
U_{ws}	水相表观速度,m·s⁻¹	h_{w0}	塞尾内水速为零时的水相厚度,m
c	取决于流态的经验常数,层流取 16;紊流取 0.046	C_v	界面不稳定时的最小界面波传播速度,m·s⁻¹
n	取决于流态的经验常数,层流取 -1;紊流取 -0.2	C_h	考虑波动界面的"记忆效应"而附加的克服界面稳定项的经验常数
e	管壁的绝对粗糙度,m	R	相含率
D_h	管路水力直径,m	m	界面波的波数
Re	雷诺数	λ	界面波波长,m
h	水相厚度,m	C_{iv}	临界界面波速,m·s⁻¹
H	两平板间距,m	C_1	界面波传播速度,m·s⁻¹
L	水平管段长度,m	s_i	参数 s 的第 i 个测量值

符号	说明	符号	说明
h_{av}	假设水相平铺时的水相厚度,m	s	直接测量参数的真实值
C	取决于油相速度分布的常数,紊流时 $C=16$;层流时 $C=12$	s_m	等精度多次测量而言,为多次测量值的算术平均值
l	上倾管段某位置距水平管段右端点的距离,m	h_{cr}	水平管段内形成水塞的最小水相厚度,即临界水相厚度,m
p_{io}	油相内界面处的压强,Pa	h_s	界面光滑分层流的最大水相厚度,m
p_{iw}	水相内界面处的压强,Pa	h_0	水塞模型中初始水相厚度,m
p_o	油相内的压强,Pa	h_{N0}	水塞模型中非零水相厚度,m
p_w	水相内的压强,Pa	h_{max}	水塞模型中水相最大厚度,m
L_1	水平管段水相厚度大于零小于管径时的轴向长度,m	V_{N0}	水塞模型中满足水相厚度不为零时的水相体积,mL
L_2	水平管段形成的水塞的长度,m	V_{stable}	不能进入上倾管段的水量,mL
x_0	初始水相厚度对应的坐标位置,m	l_1	水塞塞体长度,m
x_{cr}	水平管段中临界水相厚度对应的坐标位置,m	V_{wl}	上倾管段某位置处由塞体进入塞尾的水相体积,mL
U_{o1}	满足 $d_{max}=d_{c\sigma}$ 的表观油速,m·s^{-1}	d_{cb}	水滴发生重力沉降的最小直径,m
U_{o2}	满足 $d_{max}=d_{cb}$ 的表观油速,m·s^{-1}	$d_{c\sigma}$	水滴发生变形破裂的最小直径,m
U_1	满足 $d_{cb}=d_{c\sigma}$ 的表观油速,m·s^{-1}	V_{ws}	塞体内水相的体积,mL
U_o^{TB}	原点固定在塞体上的运动坐标系的运动速度,m·s^{-1}	C_s	取决于泰勒泡前水塞的运速度分布的经验常数
U_{oB}	在静止水相中油泡的上升速度,m·s^{-1}	C_B	取决于水滴前油相速度分布的分布参数
U_w^s	塞体的运动速度,m·s^{-1}	U_{wB}	水滴在油相中的漂移速度,m·s^{-1}
h_{crp}	塞尾内水相厚度分析的临界水相厚度,m	d_{max}	水相分散时水滴的最大直径,m
d_{crit}	小水滴变形或聚结的临界直径,m	r	积水回流体积比

Ⅱ．物理量（希腊字母）

τ_i	油水两相界面剪切应力，$N \cdot m^{-2}$	ε	水相截面含率
τ_o	油相与管壁处剪切应力，$N \cdot m^{-2}$	θ	油—水—固三相接触角，（°）
τ_w	水相与管壁处剪切应力，$N \cdot m^{-2}$	θ_0	重相对应的圆周角，rad
β	上倾管段倾角，（°）	$\theta*$	界面角，rad
β'	取决于管路倾角的≤45°的角，（°）	σ	界面张力，$N \cdot m^{-1}$
ρ_w	水相密度，$kg \cdot m^{-3}$	γ_o	油相速度分布形状因子
ρ_o	油相密度，$kg \cdot m^{-3}$	γ_w	水相速度分布形状因子
ρ_D	速度较大相的密度，$kg \cdot m^{-3}$	Δ	某物理量的差值
δs	参数 s 的不确定度	μ_w	水相黏度，$Pa \cdot s$
τ_{os}	油相满管流动时与管壁的剪切应力，$N \cdot m^{-2}$	μ_o	油相黏度，$Pa \cdot s$

Ⅲ．下标

- L　液相
- G　气相
- D_s　分散相
- min　最小值

Ⅳ．上标

- $-$　线性稳定性分析中物理量的稳定值
- $'$　一阶导数
- $\sim$　无量纲参数

附录

附录 A 术语解释

A.1 局部油水两相流

上游来流携带低洼处积液属于两相流范畴,然而其流动性质与传统两相流有所不同。与传统两相流相比,油流携水体系两相流流动介质沿其流动方向有所变化,即:若管线内某位置处的积液在油流剪切作业下沿油流流动方向向前运动,则此位置处积液相含量减小,甚至降至零(此时,流动介质被纯油所取代,由两相流变为单相流)。因此,定义管道内积液存于地势较低的某些位置而其他区域为单一的油相的两相流体系为局部油水两相流。

A.2 水相截面含率

成品油管道油流携水属于局部两相流,仅在低洼处附近有积水存在,其余区域仍为单一油相。本书采用的水相截面含率与传统两相流中阐述的油水两相流的体积含水率及截面含水率不同,它是针对地形起伏管段中低洼处积水而引入的用于描述含水率的参数。假设一定量的水全部平铺在地势最低的水平管段,若沉积在水平管段的水量为 V_w,水平管段长为 L,则水相截面含率的表达式为

$$\varepsilon = \frac{V_w}{A \cdot L} \tag{A.1}$$

式中 ε——水相截面含率;
A——水平管段横截面积,m^2。

第5章指出,根据水相截面含率确定积水平铺于水平管段时水相厚度 $\tilde{h}$ 的方法有两种,分别为圆管流动及平板流动时的水相厚度,令式(A.1)所示的水相截面含率等于截面含水率,即可得两种情况时的水相厚度。

本书在理论分析中采用的水相厚度为根据水相截面含率确定的圆管横截面中线位置处的水相厚度,见式(5.7);在二维数值模拟中采用的水相厚度为根据水相截面含率确定的两平板间的水相厚度,见式(5.8)。

附录 B 两相界面呈梯度分布时分层流稳定性分析

B.1 油水两相连续性方程

油相流动方向为 x，对于油水两相分层流，忽略油水两相密度随时间以及在轴向上的变化，两相的连续性方程为

$$\rho_\mathrm{o} \frac{\partial}{\partial t}(A_\mathrm{o}) + \rho_\mathrm{o} \frac{\partial}{\partial x}(A_\mathrm{o} U_\mathrm{o}) = 0 \tag{B.1}$$

$$\rho_\mathrm{w} \frac{\partial}{\partial t}(A_\mathrm{w}) + \rho_\mathrm{w} \frac{\partial}{\partial x}(A_\mathrm{w} U_\mathrm{w}) = 0 \tag{B.2}$$

式中，下标 o、w 分别表示油相、水相。

为分析界面稳定性，假设某截面处水相厚度和油水两相的流速可分为稳态值和波动值两部分，即

$$h = h^0 + \hat{h}; U_\mathrm{w} = U_\mathrm{w}^0 + \hat{U}_\mathrm{w}; U_\mathrm{o} = U_\mathrm{o}^0 + \hat{U}_\mathrm{o} \tag{B.3}$$

式中，上标 ^{0}、$^\wedge$ 分别表示某物理量的稳定值和波动值。

将式(B.3)代入式(B.2)，得

$$\frac{\partial A_\mathrm{w}}{\partial h}\frac{\partial (h^0+\hat{h})}{\partial t} + \left(A_\mathrm{w}^0 + \frac{\partial A_\mathrm{w}}{\partial h}\bigg|^0 \hat{h}\right)\frac{\partial (U_\mathrm{w}^0+\hat{U}_\mathrm{w})}{\partial x} + (U_\mathrm{w}^0+\hat{U}_\mathrm{w})\frac{\partial A_\mathrm{w}}{\partial h}\frac{\partial (h^0+\hat{h})}{\partial x} = 0 \tag{B.4}$$

水相流通面积 A_w 随水相厚度 h 的变化可表示为

$$\frac{\partial A_\mathrm{w}}{\partial h} = A_\mathrm{w}'^0 + \frac{\partial A_\mathrm{w}'}{\partial h}\bigg|^0 \cdot \hat{h} \tag{B.5}$$

将式(B.4)代入式(B.3)，并忽略高阶(二阶、三阶)项，整理得

$$\begin{aligned}
& A_\mathrm{w}'^0 \frac{\partial h^0}{\partial t} + A_\mathrm{w}'^0 \frac{\partial \hat{h}}{\partial t} + A_\mathrm{w}''^0 \hat{h} \frac{\partial h^0}{\partial t} + A_\mathrm{w}^0 \frac{\partial U_\mathrm{w}^0}{\partial x} + A_\mathrm{w}^0 \frac{\partial \hat{U}_\mathrm{w}}{\partial x} + A_\mathrm{w}'^0 \hat{h} \frac{\partial U_\mathrm{w}^0}{\partial x} \\
& + U_\mathrm{w}^0 A_\mathrm{w}'^0 \frac{\partial h^0}{\partial x} + U_\mathrm{w}^0 A_\mathrm{w}'^0 \frac{\partial \hat{h}}{\partial x} + U_\mathrm{w}^0 A_\mathrm{w}''^0 \hat{h} \frac{\partial h^0}{\partial x} + \hat{U}_\mathrm{w} A_\mathrm{w}'^0 \frac{\partial h^0}{\partial x} = 0
\end{aligned} \tag{B.6}$$

其中

$$A_\mathrm{w}'^0 = \frac{\mathrm{d}A_\mathrm{w}^0}{\mathrm{d}h}, A_\mathrm{w}''^0 = \frac{\mathrm{d}A_\mathrm{w}'^0}{\mathrm{d}h}$$

根据稳态时水相的连续性方程可得：

$$A_\mathrm{w}'^0 \frac{\partial h^0}{\partial t} + U_\mathrm{w}^0 A_\mathrm{w}'^0 \frac{\partial h^0}{\partial x} + A_\mathrm{w}^0 \frac{\partial U_\mathrm{w}^0}{\partial x} = 0 \tag{B.7}$$

稳态时水相厚度不随时间而变化，即 $\partial h^0/\partial t = 0$。将化简后的式(B.7)代入式(B.6)，并整理得到水相的连续性方程为

$$A_{\text{w}}'^0\frac{\partial \hat{h}}{\partial t} + A_{\text{w}}^0\frac{\partial \hat{U}_{\text{w}}}{\partial x} + U_{\text{w}}^0 A_{\text{w}}'^0\frac{\partial \hat{h}}{\partial x} = \left\{\left[\frac{(A_{\text{w}}'^0)^2}{A_{\text{w}}^0} - A_{\text{w}}''^0\right]U_{\text{w}}^0\hat{h} - \hat{U}_{\text{w}} A_{\text{w}}'^0\right\}\frac{\partial h^0}{\partial x} \tag{B.8}$$

同理可得到油相的连续性方程为

$$-A_{\text{w}}'^0\frac{\partial \hat{h}}{\partial t} + A_{\text{o}}^0\frac{\partial \hat{U}_{\text{o}}}{\partial x} - U_{\text{o}}^0 A_{\text{w}}'^0\frac{\partial \hat{h}}{\partial x} = \left\{\left[\frac{(-A_{\text{w}}'^0)^2}{A_{\text{o}}^0} + A_{\text{w}}''^0\right]U_{\text{o}}^0\hat{h} + \hat{U}_{\text{o}} A_{\text{w}}'^0\right\}\frac{\partial h^0}{\partial x} \tag{B.9}$$

B.2 油水两相动量方程

假设流动充分发展,根据瞬态时两相在流动方向上的动量方程,整理得合并的两相动量方程为

$$\left[\rho_{\text{w}}(1-\gamma_{\text{w}})\frac{U_{\text{w}}}{A_{\text{w}}} + \rho_{\text{o}}(1-\gamma_{\text{o}})\frac{U_{\text{o}}}{A_{\text{o}}}\right]A_{\text{w}}'\frac{\partial h}{\partial t} + \Delta\rho g\cos\beta\frac{\partial h}{\partial x} + \frac{\partial(p_{\text{iw}} - p_{\text{io}})}{\partial x}$$
$$+ \rho_{\text{w}}\frac{\partial U_{\text{w}}}{\partial t} - \rho_{\text{o}}\frac{\partial U_{\text{o}}}{\partial t} + \rho_{\text{w}}\gamma_{\text{w}} U_{\text{w}}\frac{\partial U_{\text{w}}}{\partial x} - \rho_{\text{o}}\gamma_{\text{o}} U_{\text{o}}\frac{\partial U_{\text{o}}}{\partial x} \tag{B.10}$$
$$= \Delta F_{\text{ow}} = -\frac{\tau_{\text{w}} S_{\text{w}}}{A_{\text{w}}} + \frac{\tau_{\text{o}} S_{\text{o}}}{A_{\text{o}}} + \tau_{\text{i}} S_{\text{i}}\left(\frac{1}{A_{\text{w}}} + \frac{1}{A_{\text{o}}}\right) + \Delta\rho g\sin\beta$$

其中 $\Delta\rho = \rho_{\text{w}} - \rho_{\text{o}}$

式中 $\gamma_{\text{o,w}}$——油水两相速度分布形状因子,取决于流动形态,对于紊流,$\gamma_{\text{o,w}} \approx 1$;对于层流,$\gamma_{\text{o,w}} \approx 4/3$。

根据杨氏—拉普拉斯(Young-Laplace)方程:

$$p_{\text{iw}} - p_{\text{io}} = -\sigma\frac{\partial^2 h/\partial x^2}{[1+(\partial h/\partial x)^2]^{3/2}} \tag{B.11}$$

则界面处两相压差 $p_{\text{iw}} - p_{\text{io}}$ 是 $\partial h/\partial x$ 以及 $\partial^2 h/\partial x^2$ 的函数,即

$$p_{\text{iw}} - p_{\text{io}} = f(\partial^2 h/\partial x^2, \partial h/\partial x) \tag{B.12}$$

根据二元函数的泰勒级数展开公式,将式(B.12)右侧展开,并忽略高阶项,得

$$p_{\text{iw}} - p_{\text{io}} = f\left(\frac{\partial h}{\partial x}, \frac{\partial^2 h}{\partial x^2}\right)$$
$$= f\left(\frac{\partial h^0}{\partial x}, \frac{\partial^2 h^0}{\partial x^2}\right) + \frac{\partial f}{\partial(\partial h/\partial x)}\bigg|^0 \cdot \left(\frac{\partial h}{\partial x} - \frac{\partial h^0}{\partial x}\right) + \frac{\partial f}{\partial(\partial^2 h/\partial x^2)}\bigg|^0 \cdot \left(\frac{\partial^2 h}{\partial x^2} - \frac{\partial^2 h^0}{\partial x^2}\right)$$
$$\tag{B.13}$$

根据式(B.11)、式(B.12)、式(B.13)右侧三项分别可表示为

$$f\left(\frac{\partial h^0}{\partial x}, \frac{\partial^2 h^0}{\partial x^2}\right) = -\sigma\frac{\partial^2 h^0/\partial x^2}{[1+(\partial h^0/\partial x)^2]^{3/2}} \tag{B.14.1}$$

$$\frac{\partial f}{\partial(\partial h/\partial x)}\bigg|^0 = 3\sigma\frac{\partial^2 h^0/\partial x^2 \cdot (\partial h^0/\partial x)}{[1+(\partial h_0/\partial x)^2]^{5/2}} \tag{B.14.2}$$

$$\left.\frac{\partial f}{\partial(\partial^2 h/\partial x^2)}\right|^0 = -\sigma\frac{1}{[1+(\partial h^0/\partial x)^2]^{3/2}} \tag{B.14.3}$$

假设稳态时界面曲率变化很小,即 $\partial^2 h^0/\partial x^2 \approx 0$,根据式(B.14)可得界面处压差为

$$p_{iw} - p_{io} = -\tilde{\sigma} \cdot \frac{\partial^2 \hat{h}}{\partial x^2} \tag{B.15}$$

其中 $\tilde{\sigma} = \sigma/[1+(\partial h^0/\partial x)^2]^{3/2}$

将式(B.3)、式(B.15)代入式(B.10),整理得

$$\begin{aligned}
&\left[\rho_w(1-\gamma_w)\frac{U_w^0+\hat{U}_w}{A_w} + \rho_o(1-\gamma_o)\frac{U_o^0+\hat{U}_o}{A_o}\right]A_w'\frac{\partial(h^0+\hat{h})}{\partial t} \\
&+ \Delta\rho g\cos\beta\frac{\partial(h^0+\hat{h})}{\partial x} - \tilde{\sigma}\cdot\frac{\partial^3\hat{h}}{\partial x^3} + \rho_w\frac{\partial(U_w^0+\hat{U}_w)}{\partial t} - \rho_o\frac{\partial(U_o^0+\hat{U}_o)}{\partial t} \\
&+ \rho_w\gamma_w(U_w^0+\hat{U}_w)\frac{\partial(U_w^0+\hat{U}_w)}{\partial x} - \rho_o\gamma_o(U_o^0+\hat{U}_o)\frac{\partial(U_o^0+\hat{U}_o)}{\partial x} \\
&= \Delta F_{ow}|^0 + \frac{\partial\Delta F_{ow}}{\partial h}\bigg|^0(h-h^0) + \frac{\partial\Delta F_{ow}}{\partial U_w}\bigg|^0(U_w-U_w^0) + \frac{\partial\Delta F_{ow}}{\partial U_o}\bigg|^0(U_o-U_o^0) \\
&= \Delta F_{ow}|^0 + \frac{\partial\Delta F_{ow}}{\partial h}\bigg|^0\hat{h} + \frac{\partial\Delta F_{ow}}{\partial U_w}\bigg|^0\hat{U}_w + \frac{\partial\Delta F_{ow}}{\partial U_o}\bigg|^0\hat{U}_o
\end{aligned} \tag{B.16}$$

稳态时油水两相合并的动量方程为

$$\begin{aligned}
&\left[\rho_w(1-\gamma_w)\frac{U_w^0}{A_w} + \rho_o(1-\gamma_o)\frac{U_o^0}{A_o}\right]A_w'\frac{\partial h^0}{\partial t} + \Delta\rho g\cos\beta\frac{\partial h^0}{\partial x} \\
&+ \rho_w\frac{\partial U_w^0}{\partial t} - \rho_o\frac{\partial U_o^0}{\partial t} + \rho_w\gamma_w U_w^0\frac{\partial U_w^0}{\partial x} - \rho_o\gamma_o U_o^0\frac{\partial U_o^0}{\partial x} = \Delta F_{ow}|^0
\end{aligned} \tag{B.17}$$

将式(B.17)代入式(B.16),且忽略高阶项,整理得动量方程为

$$\begin{aligned}
&N\frac{\partial\hat{h}}{\partial t} + \Delta\rho g\cos\beta\frac{\partial\hat{h}}{\partial x} + \rho_w\frac{\partial\hat{U}_w}{\partial t} - \rho_o\frac{\partial\hat{U}_o}{\partial t} + \rho_w\gamma_w U_w^0\frac{\partial\hat{U}_w}{\partial x} - \rho_o\gamma_o U_o^0\frac{\partial\hat{U}_o}{\partial x} \\
&- \tilde{\sigma}\frac{\partial^3\hat{h}}{\partial x^3} = \frac{\partial\Delta F_{ow}}{\partial h}\bigg|^0\hat{h} + \left(\frac{\partial\Delta F_{ow}}{\partial U_w}\bigg|^0 - \rho_w\gamma_w\frac{\partial U_w^0}{\partial x}\right)\hat{U}_w + \left(\frac{\partial\Delta F_{ow}}{\partial U_o}\bigg|^0 + \rho_o\gamma_o\frac{\partial U_o^0}{\partial x}\right)\hat{U}_o
\end{aligned} \tag{B.18}$$

其中 $N = \left[\rho_w(1-\gamma_w)\dfrac{U_w^0}{A_w} + \rho_o(1-\gamma_o)\dfrac{U_o^0}{A_o}\right]A_w'$

B.3 界面稳定性分析

将油水两相连续性方程式(B.8)、式(B.9)以及动量方程式(B.18)用矩阵形式表示为

$$\left(T\frac{\partial}{\partial t} + X\frac{\partial}{\partial x}\right)\boldsymbol{\eta} = \boldsymbol{F} \cdot \boldsymbol{\eta} \tag{B.19}$$

其中 $\quad T = \begin{pmatrix} A_w'^0 & 0 & 0 \\ -A_w'^0 & 0 & 0 \\ N & \rho_w & -\rho_o \end{pmatrix}, X = \begin{pmatrix} A_w'^0 U_w^0 & A_w^0 & 0 \\ -A_w'^0 U_o^0 & 0 & A_o^0 \\ G & \rho_w \gamma_w U_w^0 & -\rho_o \gamma_o U_o^0 \end{pmatrix}, \boldsymbol{\eta} = \begin{pmatrix} \hat{h} \\ \hat{U}_w \\ \hat{U}_o \end{pmatrix},$

$$F = \begin{pmatrix} \alpha_w & -A_w'^0 \dfrac{\partial h^0}{\partial x} & 0 \\ \alpha_o & 0 & A_w'^0 \dfrac{\partial h^0}{\partial x} \\ \dfrac{\partial \Delta F_{ow}}{\partial h}\bigg|^0 & \dfrac{\partial \Delta F_{ow}}{\partial U_w}\bigg|^0 - \rho_w \gamma_w \dfrac{\partial U_w^0}{\partial x} & \dfrac{\partial \Delta F_{ow}}{\partial U_o}\bigg|^0 + \rho_o \gamma_o \dfrac{\partial U_o^0}{\partial x} \end{pmatrix},$$

$G = \Delta\rho g\cos\beta - \tilde{\sigma}\dfrac{\partial^3}{\partial x^3}, \alpha_w = \left[\dfrac{(A_w'^0)^2}{A_w^0} - A_w''^0\right] U_w^0 \dfrac{\partial h^0}{\partial x}, \alpha_o = \left[\dfrac{(-A_w'^0)^2}{A_o^0} + A_w''^0\right] U_o^0 \dfrac{\partial h^0}{\partial x}$

为推导两相分层流界面稳定性的临界条件，需对式(B.19)进行线性化分析。假设初始状态时两相分层流是稳态、充分发展的，由于界面处存在扰动引起界面的不稳定。设波动值按下式分布：

$$\begin{cases} \hat{h} = \widehat{h} \cdot e^{i(kx-wt)} \\ \hat{U}_w = \widehat{U}_w \cdot e^{i(kx-wt)} \\ \hat{U}_o = \widehat{U}_o \cdot e^{i(kx-wt)} \end{cases} \tag{B.20}$$

其中 $\quad K = 2\pi/\lambda \quad \omega = 2\pi/T = k \cdot \lambda/T = Ck$

式中 k——实际波数，m^{-1}；

λ——波动的波长，m；

ω——角速度，$rad \cdot s^{-1}$。

将水相厚度及两相速度波动值的导数代入连续性方程及动量方程，整理得

$$(-A_w'^0 \omega i + A_w'^0 U_w^0 ik - \alpha_w)\hat{h} + \left(A_w^0 ik + A_w'^0 \dfrac{dh^0}{dx}\right)\hat{U}_w = 0 \tag{B.21.1}$$

$$(A_w'^0 \omega i - A_w'^0 U_o^0 ik - \alpha_o)\hat{h} + \left(A_o^0 ik - A_w'^0 \dfrac{dh^0}{dx}\right)\hat{U}_o = 0 \tag{B.21.2}$$

$$\left(-N\omega i + \Delta\rho g\cos\beta ik + \tilde{\sigma} ik^3 - \dfrac{\partial \Delta F_{ow}}{\partial h}\bigg|^0\right)\hat{h}$$
$$+ \left[-\rho_w \omega i + \rho_w \gamma_w U_w^0 ik - \left(\dfrac{\partial \Delta F_{ow}}{\partial U_w}\bigg|^0 - \rho_w \gamma_w \dfrac{\partial U_w^0}{\partial x}\right)\right]\hat{U}_w \tag{B.21.3}$$
$$+ \left[\rho_o \omega i - \rho_o \gamma_o U_o^0 ik - \left(\dfrac{\partial \Delta F_{ow}}{\partial U_o}\bigg|^0 + \rho_o \gamma_o \dfrac{\partial U_o^0}{\partial x}\right)\right]\hat{U}_o = 0$$

将式(B.21)写成矩阵形式

$$\boldsymbol{M} \cdot \boldsymbol{\eta} = 0 \tag{B.22}$$

其中,系数矩阵 $\boldsymbol{M}$ 为:

$$\boldsymbol{M} = \begin{pmatrix} \dfrac{A_w'^0}{A_w^0}\left(-\dfrac{\omega}{k}+U_w^0+\dfrac{i\alpha_w}{A_w'^0 k}\right) & 1-\dfrac{i}{k}\dfrac{A_w'^0}{A_w^0}\dfrac{\mathrm{d}h^0}{\mathrm{d}x} & 0 \\ \dfrac{A_w'^0}{A_o^0}\left(\dfrac{\omega}{k}-U_o^0+\dfrac{i\alpha_o}{A_w'^0 k}\right) & 0 & 1+\dfrac{i}{k}\dfrac{A_w'^0}{A_o^0}\dfrac{\mathrm{d}h^0}{\mathrm{d}x} \\ -N\dfrac{\omega}{k}+\Delta\rho g\cos\beta+\tilde{\sigma}k^2+\dfrac{i}{k}\dfrac{\partial\Delta F_{ow}}{\partial h}\bigg|^0 & \mathrm{M}_{32} & \mathrm{M}_{33} \end{pmatrix}$$

$$\mathrm{M}_{32} = -\rho_w\dfrac{\omega}{k}+\rho_w\gamma_w U_w^0+\dfrac{i}{k}\left(\dfrac{\partial\Delta F_{ow}}{\partial U_w}\bigg|^0-\rho_w\gamma_w\dfrac{\partial U_w^0}{\partial x}\right)$$

$$\mathrm{M}_{33} = \rho_o\dfrac{\omega}{k}-\rho_o\gamma_o U_o^0+\dfrac{i}{k}\left(\dfrac{\partial\Delta F_{ow}}{\partial U_o}\bigg|^0+\rho_o\gamma_o\dfrac{\partial U_o^0}{\partial x}\right)$$

对于齐次线性方程组,若解唯一且为零解时,系数矩阵的行列式不等于0;若存在非零准确解,则系数矩阵的行列式等于0,即,$|\boldsymbol{M}|=0$

$$\left(1-\dfrac{i}{k}\dfrac{A_w'^0}{A_o^0}\dfrac{\mathrm{d}h^0}{\mathrm{d}x}\right)\left(-NC+\Delta\rho g\cos\beta+\tilde{\sigma}k^2+\dfrac{i}{k}\dfrac{\partial\Delta F_{ow}}{\partial h}\bigg|^0\right)\left(1+\dfrac{i}{k}\dfrac{A_w'^0}{A_o^0}\dfrac{\mathrm{d}h^0}{\mathrm{d}x}\right)$$

$$-\left(1+\dfrac{i}{k}\dfrac{A_w'^0}{A_o^0}\dfrac{\mathrm{d}h^0}{\mathrm{d}x}\right)\dfrac{A_w'^0}{A_w^0}\left(-C+U_w^0+\dfrac{i\alpha_w}{A_w'^0 k}\right)\left[-\rho_w C+\rho_w\gamma_w U_w^0+\dfrac{i}{k}\left(\dfrac{\partial\Delta F_{ow}}{\partial U_w}\bigg|^0-\rho_w\gamma_w\dfrac{\partial U_w^0}{\partial x}\right)\right]$$

$$-\left(1-\dfrac{i}{k}\dfrac{A_w'^0}{A_w^0}\dfrac{\mathrm{d}h^0}{\mathrm{d}x}\right)\dfrac{A_w'^0}{A_o^0}\left(C-U_o^0+\dfrac{i\alpha_o}{A_w'^0 k}\right)\left[\rho_o C-\rho_o\gamma_o U_o^0+\dfrac{i}{k}\left(\dfrac{\partial\Delta F_{ow}}{\partial U_o}\bigg|^0+\rho_o\gamma_o\dfrac{\partial U_o^0}{\partial x}\right)\right]=0$$

(B.23)

整理得

$$(a_1+ia_2)C^2-2(b_1+ib_2)C+d_1+id_2=0 \tag{B.24}$$

其中

$$a_1=\rho_w\dfrac{A_w'^0}{A_w^0}+\rho_o\dfrac{A_w'^0}{A_o^0};\quad a_2=\dfrac{1}{k}\dfrac{A_w'^0}{A_o^0}\dfrac{A_w'^0}{A_w^0}\dfrac{\mathrm{d}h^0}{\mathrm{d}x}(\rho_w-\rho_o)$$

$$b_1=\left[\rho_w\gamma_w U_w^0\dfrac{A_w'^0}{A_w^0}+\rho_o\gamma_o U_o^0\dfrac{A_w'^0}{A_o^0}\right]-\dfrac{1}{2k^2}\dfrac{A_w'^0}{A_o^0}\dfrac{A_w'^0}{A_w^0}\dfrac{\mathrm{d}h^0}{\mathrm{d}x}\left[\dfrac{\partial\Delta F_{ow}}{\partial U_o}\bigg|^0+\dfrac{\partial\Delta F_{ow}}{\partial U_w}\bigg|^0\right]$$

$$+2\dfrac{\mathrm{d}h^0}{\mathrm{d}x}\left(\rho_w U_w^0\dfrac{A_w'^0}{A_w^0}+\rho_o U_o^0\dfrac{A_w'^0}{A_o^0}\right)-\dfrac{\mathrm{d}h^0}{\mathrm{d}x}\dfrac{A_w''^0}{A_w'^0}(\rho_w U_w^0-\rho_o U_o^0)\right]$$

$$b_2 = -\frac{1}{k}\frac{dh^0}{dx}\frac{A_w'^0}{A_w^0}\frac{A_w'^0}{A_o^0}[-\rho_w\gamma_w U_w^0 + \rho_o\gamma_o U_o^0] - \frac{1}{k}\frac{dh^0}{dx}(A_w'^0)^2\left[-\rho_w\frac{U_w^0}{(A_w^0)^2} + \rho_o\frac{U_o^0}{(A_o^0)^2}\right]$$

$$-\frac{1}{2k}\frac{dh^0}{dx}A_w''^0\left(\rho_w\frac{U_w^0}{A_w^0} + \rho_o\frac{U_o^0}{A_o^0}\right) - \frac{1}{2k}\left[-\frac{A_w'^0}{A_w^0}\frac{\partial\Delta F_{ow}}{\partial U_w}\bigg|^0 + \frac{A_w'^0}{A_o^0}\frac{\partial\Delta F_{ow}}{\partial U_o}\bigg|^0\right]$$

$$d_1 = \rho_w\gamma_w(U_w^0)^2\frac{A_w'^0}{A_w^0}\left\{1 - \frac{1}{k^2}\left(\frac{dh^0}{dx}\right)^2\left[\frac{(A_w'^0)^2}{A_w^0}\left(\frac{1}{A_w^0} + \frac{2}{A_o^0}\right) - A_w''^0\left(\frac{1}{A_w^0} + \frac{1}{A_o^0}\right)\right]\right\}$$

$$+ \rho_o\gamma_o(U_o^0)^2\frac{A_w'^0}{A_o^0}\left\{1 - \frac{1}{k^2}\left(\frac{dh^0}{dx}\right)^2\left[\frac{(A_w'^0)^2}{A_o^0}\left(\frac{1}{A_o^0} + \frac{2}{A_w^0}\right) + A_w''^0\left(\frac{1}{A_w^0} + \frac{1}{A_o^0}\right)\right]\right\}$$

$$-\frac{1}{k^2}\frac{dh^0}{dx}\frac{(A_w'^0)^2}{A_w^0 A_o^0}U_w^0\frac{\partial\Delta F_{ow}}{\partial U_w}\bigg|^0\left(\frac{A_o^0}{A_w^0} + 1 - \frac{A_w''^0 A_o^0}{(A_w'^0)^2}\right) + \frac{1}{k^2}\frac{dh^0}{dx}A_w''^0\frac{\partial\Delta F_{ow}}{\partial h}\bigg|^0\left(-\frac{1}{A_w^0} + \frac{1}{A_o^0}\right)$$

$$-\frac{1}{k^2}\frac{dh^0}{dx}\frac{(A_w'^0)^2}{A_w^0 A_o^0}U_o^0\frac{\partial\Delta F_{ow}}{\partial U_o}\bigg|^0\left(\frac{A_w^0}{A_o^0} + 1 + \frac{A_w''^0 A_w^0}{(A_w'^0)^2}\right) - \left[1 + \frac{1}{k^2}\left(\frac{dh^0}{dx}\right)^2\frac{(A_w'^0)^2}{A_w^0 A_o^0}\right]G$$

$$d_2 = \frac{1}{k}\rho_w\gamma_w(U_w^0)^2\frac{A_w'^0}{A_w^0}\frac{dh^0}{dx}\left\{A_w'^0\left(\frac{2}{A_w^0} + \frac{1}{A_o^0}\right) - \frac{A_w''^0}{A_w'^0} - \frac{1}{k^2}\left(\frac{dh^0}{dx}\right)^2\frac{A_w'^0}{A_w^0 A_o^0}\left[\frac{(A_w'^0)^2}{A_w^0} - A_w''^0\right]\right\}$$

$$+ \frac{1}{k}\rho_o\gamma_o(U_o^0)^2\frac{A_w'^0}{A_o^0}\frac{dh^0}{dx}\left\{-A_w'^0\left(\frac{2}{A_o^0} + \frac{1}{A_w^0}\right) - \frac{A_w''^0}{A_w'^0} + \left(\frac{dh^0}{dx}\right)^2\frac{A_w'^0}{A_w^0 A_o^0}\left[\frac{(A_w'^0)^2}{A_o^0} + A_w''^0\right]\right\}$$

$$+ \frac{1}{k}\frac{A_w'^0}{A_w^0}U_w^0\frac{\partial\Delta F_{ow}}{\partial U_w}\bigg|^0\left\{1 - \frac{1}{k^2}\left(\frac{dh^0}{dx}\right)^2\frac{1}{A_w^0}\left[\frac{(A_w'^0)^2}{A_w^0} - A_w''^0\right]\right\} - \frac{1}{k}\frac{\partial\Delta F_{ow}}{\partial h}\bigg|^0\left[1 + \frac{1}{k^2}\left(\frac{dh^0}{dx}\right)^2\frac{(A_w'^0)^2}{A_o^0 A_w^0}\right]$$

$$+ \frac{1}{k}\frac{A_w'^0}{A_o^0}U_o^0\frac{\partial\Delta F_{ow}}{\partial U_o}\bigg|^0\left\{-1 + \frac{1}{k^2}\left(\frac{dh^0}{dx}\right)^2\frac{1}{A_o^0}\left[\frac{(A_w'^0)^2}{A_o^0} + A_w''^0\right]\right\} + \frac{1}{k}A_w'^0\frac{dh^0}{dx}\left(\frac{1}{A_w^0} - \frac{1}{A_o^0}\right)G$$

$$G = \Delta\rho g\cos\beta + \tilde{\sigma}k^2$$

将式(B.24)分解为实部、虚部两部分,分别称为实部方程和虚部方程

$$a_1 C^2 - 2b_1 C + d_1 = 0;$$
$$a_2 C^2 - 2b_2 C + d_2 = 0 \tag{B.25}$$

B.3.1 实部方程

定义:

$$\tilde{G} = \left[1 + \frac{1}{k^2}\left(\frac{dh^0}{dx}\right)^2\frac{(A_w'^0)^2}{A_w^0 A_o^0}\right]G$$

$$\tilde{\gamma}_w = \gamma_w\left[1 - \frac{1}{k^2}\left(\frac{dh^0}{dx}\right)^2\frac{(A_w'^0)^2}{A_o^0 A_w^0} + \frac{1}{2k^2}\left(\frac{dh^0}{dx}\right)^2\frac{A_w''^0}{A_o^0}\right]$$

$$\tilde{\gamma}_o = \gamma_o\left[1 - \frac{1}{k^2}\left(\frac{dh^0}{dx}\right)^2\frac{(A_w'^0)^2}{A_o^0 A_w^0} - \frac{1}{2k^2}\left(\frac{dh^0}{dx}\right)^2\frac{A_w''^0}{A_w^0}\right]$$

$$e_{1w}(h) = \frac{(A_w'^0)^2}{A_w^0}\left(\frac{1}{A_w^0} + \frac{1}{A_o^0}\right) - A_w''^0\left(\frac{1}{A_w^0} + \frac{1}{2A_o^0}\right)$$

$$e_{1o}(h) = \frac{(A_w'^0)^2}{A_o^0}\left(\frac{1}{A_w^0} + \frac{1}{A_o^0}\right) + A_w''^0\left(\frac{1}{A_o^0} + \frac{1}{2A_w^0}\right)$$

$$e_{2w}(h) = \frac{A_w'^0}{A_w^0}\left(\frac{2A_w'^0}{A_o^0} - \frac{A_w''^0}{A_w'^0}\right); e_{2o}(h) = \frac{A_w'^0}{A_o^0}\left(\frac{2A_w'^0}{A_o^0} + \frac{A_w''^0}{A_w'^0}\right)$$

$$f_w(h) = \frac{A_o^0}{A_w^0} + 1 - \frac{A_w''^0 A_o^0}{(A_w'^0)^2}; f_o(h) = \frac{A_o^0}{A_o^0} + 1 + \frac{A_w''^0 A_w^0}{(A_w'^0)^2}$$

则实部方程可整理为

$$\rho_w \frac{A_w'^0}{A_w^0}(U_w^0)^2\left\{\left(\frac{C}{U_w^0} - 1\right)^2 + (\tilde{\gamma}_w - 1)\left(1 - \frac{2C}{U_w^0}\right) + \frac{1}{k^2}\left(\frac{dh^0}{dx}\right)^2\left[-\gamma_w e_{1w}(h) + (1-\gamma_w)e_{2w}(h)\frac{C}{U_w^0}\right]\right\}$$

$$+ \rho_o \frac{A_w'^0}{A_o^0}(U_o^0)^2\left\{\left(\frac{C}{U_o^0} - 1\right)^2 + (\tilde{\gamma}_o - 1)\left(1 - \frac{2C}{U_o^0}\right) + \frac{1}{k^2}\left(\frac{dh^0}{dx}\right)^2\left[-\gamma_o e_{1o}(h) + (1-\gamma_o)e_{2o}(h)\frac{C}{U_o^0}\right]\right\}$$

$$+ \frac{1}{k^2}\frac{(A_w'^0)^2}{A_w^0 A_o^0}\frac{dh^0}{dx} \cdot \left\{\left[\frac{C}{U_w^0} - f_w(h)\right]U_w^0\frac{\partial \Delta F_{ow}}{\partial U_w}\Big|^0 + \left[\frac{C}{U_o^0} - f_o(h)\right]U_o^0\frac{\partial \Delta F_{ow}}{\partial U_o}\Big|^0 + \frac{\partial \Delta F_{ow}}{\partial h}\Big|^0\frac{A_w^0 - A_o^0}{A_w'^0}\right\}$$

$$- \tilde{G} = 0$$

(B.26)

将式(B.26)无量纲化,长度除以直径 D、面积除以 D^2,整理得

$$\frac{\rho_w(U_{ws}^0)^2 \varepsilon'}{D \varepsilon^3}\left\{\left(\frac{C}{U_w^0} - 1\right)^2 + (\tilde{\gamma}_w - 1)\left(1 - \frac{2C}{U_w^0}\right) + \frac{1}{\tilde{k}^2}\left(\frac{dh^0}{dx}\right)^2\left[-\gamma_w e_{1w}(\tilde{h}) + (1-\gamma_w)e_{2w}(\tilde{h})\frac{C}{U_w^0}\right]\right\}$$

$$+ \frac{\rho_o(U_{os}^0)^2 \varepsilon'}{D(1-\varepsilon)^3}\left\{\left(\frac{C}{U_o^0} - 1\right)^2 + (\tilde{\gamma}_o - 1)\left(1 - \frac{2C}{U_o^0}\right) + \frac{1}{\tilde{k}^2}\left(\frac{dh^0}{dx}\right)^2\left[-\gamma_o e_{1o}(\tilde{h}) + (1-\gamma_o)e_{2o}(\tilde{h})\frac{C}{U_o^0}\right]\right\}$$

$$+ \frac{1}{\tilde{k}^2}\frac{dh^0}{dx}\frac{\varepsilon'^2}{\varepsilon(1-\varepsilon)}\left\{\left[\frac{C}{U_w^0} - f_w(\tilde{h})\right]U_w^0\frac{\partial \Delta F_{ow}}{\partial U_w}\Big|^0 + \left[\frac{C}{U_o^0} - f_o(\tilde{h})\right]U_o^0\frac{\partial \Delta F_{ow}}{\partial U_o}\Big|^0 + \frac{\partial \Delta F_{ow}}{\partial \tilde{h}}\Big|^0\frac{2\varepsilon - 1}{\varepsilon'}\right\}$$

$$- \tilde{G} = 0$$

(B.27)

B.3.2 虚部方程

将 a_2、b_2、d_2 代入虚部方程,并进行无量纲化,整理得

$$\frac{\varepsilon'^2 \rho_{\text{w}} (U_{\text{ws}}^0)^2}{\varepsilon^3 (1-\varepsilon)} \frac{\mathrm{d}h^0}{\mathrm{d}x} \left[\left(\frac{C}{U_{\text{w}}^0} - 1 \right)^2 + (\gamma_{\text{w}} - 1) \left(1 - 2\frac{C}{U_{\text{w}}^0} \right) \right. $$
$$\left. + \left(2\frac{1-\varepsilon}{\varepsilon} - \frac{\varepsilon''(1-\varepsilon)}{\varepsilon'^2} \right) \left(\gamma_{\text{w}} - \frac{C}{U_{\text{w}}^0} \right) - \frac{\gamma_{\text{w}}}{\tilde{k}^2} \left(\frac{\mathrm{d}h^0}{\mathrm{d}x} \right)^2 \frac{\varepsilon'}{\varepsilon} \left(\frac{\varepsilon'}{\varepsilon} - \frac{\varepsilon''}{\varepsilon'} \right) \right]$$

$$- \frac{\varepsilon'^2 \rho_{\text{o}} (U_{\text{os}}^0)^2}{\varepsilon (1-\varepsilon)^3} \frac{\mathrm{d}h^0}{\mathrm{d}x} \left[\left(\frac{C}{U_{\text{o}}^0} - 1 \right)^2 + (\gamma_{\text{o}} - 1) \left(1 - 2\frac{C}{U_{\text{o}}^0} \right) \right.$$
$$\left. + \left(\frac{2\varepsilon}{1-\varepsilon} + \frac{\varepsilon''\varepsilon}{\varepsilon'^2} \right) \left(\gamma_{\text{o}} - \frac{C}{U_{\text{o}}^0} \right) - \frac{\gamma_{\text{o}}}{\tilde{k}^2} \left(\frac{\mathrm{d}h^0}{\mathrm{d}x} \right)^2 \frac{\varepsilon'}{1-\varepsilon} \left(\frac{\varepsilon'}{1-\varepsilon} + \frac{\varepsilon''}{\varepsilon'} \right) \right] \quad \text{(B.28)}$$

$$+ \frac{\varepsilon'}{\varepsilon} D U_{\text{w}}^0 \frac{\partial \Delta F_{\text{ow}}}{\partial U_{\text{w}}} \bigg|^0 \left[-\frac{C}{U_{\text{w}}^0} + 1 - \frac{1}{\tilde{k}^2} \left(\frac{\mathrm{d}h^0}{\mathrm{d}x} \right)^2 \left(\frac{\varepsilon'^2}{\varepsilon(1-\varepsilon)} - \frac{\varepsilon''}{1-\varepsilon} \right) \right]$$

$$- \frac{\varepsilon'}{1-\varepsilon} D U_{\text{o}}^0 \frac{\partial \Delta F_{\text{ow}}}{\partial U_{\text{o}}} \bigg|^0 \left[-\frac{C}{U_{\text{o}}^0} + 1 - \frac{1}{\tilde{k}^2} \left(\frac{\mathrm{d}h^0}{\mathrm{d}x} \right)^2 \left(\frac{\varepsilon'^2}{\varepsilon(1-\varepsilon)} + \frac{\varepsilon'}{\varepsilon} \right) \right]$$

$$- \frac{\partial \Delta F_{\text{ow}}}{\partial h} \bigg|^0 \left[D + \frac{D\varepsilon'^2}{\varepsilon(1-\varepsilon)} \frac{1}{\tilde{k}^2} \left(\frac{\mathrm{d}h^0}{\mathrm{d}x} \right)^2 \right] + \frac{\mathrm{d}h^0}{\mathrm{d}x} \left(\frac{\varepsilon'}{\varepsilon} - \frac{\varepsilon'}{1-\varepsilon} \right) \left(\Delta \rho g D \cos\beta + \tilde{\sigma} \frac{\tilde{k}^2}{D} \right) = 0$$

B.3.3 忽略界面梯度时的稳定性判断准则

若忽略界面梯度，即 $\mathrm{d}h^0/\mathrm{d}x = 0$，则虚部方程简化为

$$\frac{\varepsilon'}{\varepsilon} U_{\text{w}}^0 \frac{\partial \Delta F_{\text{ow}}}{\partial U_{\text{w}}} \bigg|^0 - \frac{\varepsilon'}{1-\varepsilon} U_{\text{o}}^0 \frac{\partial \Delta F_{\text{ow}}}{\partial U_{\text{o}}} \bigg|^0 + \left(\frac{\varepsilon'}{1-\varepsilon} \frac{\partial \Delta F_{\text{ow}}}{\partial U_{\text{o}}} \bigg|^0 - \frac{\varepsilon'}{\varepsilon} \frac{\partial \Delta F_{\text{ow}}}{\partial U_{\text{w}}} \bigg|^0 \right) C - \frac{\partial \Delta F_{\text{ow}}}{\partial h} \bigg|^0 = 0$$
(B.29)

即

$$C_{\text{rn}} = \frac{\omega}{k} = \frac{\dfrac{\partial \Delta F_{\text{ow}}}{\partial h}\bigg|^0 - \dfrac{\varepsilon'}{\varepsilon} U_{\text{w}}^0 \dfrac{\partial \Delta F_{\text{ow}}}{\partial U_{\text{w}}}\bigg|^0 + \dfrac{\varepsilon'}{1-\varepsilon} U_{\text{o}}^0 \dfrac{\partial \Delta F_{\text{ow}}}{\partial U_{\text{o}}}\bigg|^0}{\dfrac{\varepsilon'}{1-\varepsilon} \dfrac{\partial \Delta F_{\text{ow}}}{\partial U_{\text{o}}}\bigg|^0 - \dfrac{\varepsilon'}{\varepsilon} \dfrac{\partial \Delta F_{\text{ow}}}{\partial U_{\text{w}}}\bigg|^0} \quad \text{(B.30)}$$

实部方程可简化为

$$\frac{\rho_{\text{w}} (U_{\text{ws}}^0)^2}{D} \frac{\varepsilon'}{\varepsilon^3} \left[\left(\frac{C}{U_{\text{w}}^0} - 1 \right)^2 + (\gamma_{\text{w}} - 1) \left(1 - \frac{2C}{U_{\text{w}}^0} \right) \right]$$
$$+ \frac{\rho_{\text{o}} (U_{\text{os}}^0)^2}{D} \frac{\varepsilon'}{(1-\varepsilon)^3} \left[\left(\frac{C}{U_{\text{o}}^0} - 1 \right)^2 + (\gamma_{\text{o}} - 1) \left(1 - \frac{2C}{U_{\text{o}}^0} \right) \right] - \left(\Delta \rho g \cos\beta + \tilde{\sigma} \frac{\tilde{k}^2}{D^2} \right) = 0 \quad \text{(B.31)}$$

根据 $U_{\text{ws}}/U_{\text{w}} = A_{\text{w}}/A = \varepsilon$，$U_{\text{os}}/U_{\text{o}} = A_{\text{o}}/A = 1-\varepsilon$，式(B.31)可整理为

$$\left(\rho_{\text{w}} \frac{\varepsilon'}{\varepsilon} + \rho_{\text{o}} \frac{\varepsilon'}{1-\varepsilon} \right) C_{\text{rn}}^2 - 2 \left[\rho_{\text{w}} \frac{\varepsilon'}{\varepsilon^2} U_{\text{ws}}^0 + \rho_{\text{o}} \frac{\varepsilon'}{(1-\varepsilon)^2} \right] C_{\text{rn}}$$
$$+ \rho_{\text{w}} \gamma_{\text{w}} \frac{\varepsilon'}{\varepsilon^3} (U_{\text{ws}}^0)^2 + \rho_{\text{o}} \gamma_{\text{o}} \frac{\varepsilon'}{(1-\varepsilon)^3} (U_{\text{os}}^0)^2 - D \left(\Delta \rho g \cos\beta + \tilde{\sigma} \frac{\tilde{k}^2}{D^2} \right) = 0 \quad \text{(B.32)}$$

比较发现，与 Brauner 等[27]提出忽略界面梯度时的分层流稳定性判断准则一致。

B.3.4 考虑界面梯度水相速度为零时的分层流稳定性分析

油流携水系统中，水相速度相对较小。假设水相速度等于零，油相流态为层流时的实部方程和虚部方程分别简化为

$$\frac{\rho_o (U_{os}^0)^2 \varepsilon'}{D(1-\varepsilon)^3}\left\{\left(\frac{C}{U_o^0}-1\right)^2 + (\tilde{\gamma}_o - 1)\left(1 - \frac{2C}{U_o^0}\right) - \frac{1}{\tilde{k}^2}\left(\frac{dh^0}{dx}\right)^2\left[\frac{4e_{1o}(\tilde{h})}{3} + \frac{e_{2o}(\tilde{h})}{3}\frac{C}{U_o^0}\right]\right\}$$
$$+ \frac{1}{\tilde{k}^2}\frac{dh^0}{dx}\frac{\varepsilon'^2}{\varepsilon(1-\varepsilon)}\left\{\left[\frac{C}{U_o^0} - f_o(\tilde{h})\right]U_o^0\left.\frac{\partial \Delta F_{ow}}{\partial U_o}\right|^0 + D\left.\frac{\partial \Delta F_{ow}}{\partial h}\right|^0\frac{2\varepsilon-1}{\varepsilon'}\right\} - \tilde{G} = 0 \quad (B.33)$$

$$\frac{\varepsilon'^2\rho_o(U_{os}^0)^2}{\varepsilon(1-\varepsilon)^3}\frac{dh^0}{dx}\left[\begin{array}{c}\left(\frac{C}{U_o^0}-1\right)^2 + \frac{1}{3}\left(1-\frac{2C}{U_o^0}\right)+\left(\frac{4}{3}-\frac{C}{U_o^0}\right)\left(\frac{2\varepsilon}{1-\varepsilon}+\frac{\varepsilon''\varepsilon}{\varepsilon'^2}\right)\\ -\frac{4}{3\tilde{k}^2}\left(\frac{dh^0}{dx}\right)^2\frac{\varepsilon'}{1-\varepsilon}\left(\frac{\varepsilon'}{1-\varepsilon}+\frac{\varepsilon''}{\varepsilon'}\right)\end{array}\right]$$
$$+ \frac{\varepsilon'}{1-\varepsilon}DU_{os}^0\frac{A}{A_o}\left.\frac{\partial \Delta F_{ow}}{\partial U_o^0}\right|^0\left[-\frac{C}{U_o^0} + 1 - \frac{1}{\tilde{k}^2}\left(\frac{dh^0}{dx}\right)^2\left(\frac{\varepsilon'^2}{\varepsilon(1-\varepsilon)} + \frac{\varepsilon''}{\varepsilon}\right)\right] \quad (B.34)$$
$$+ \left.\frac{\partial \Delta F_{ow}}{\partial h}\right|^0\left[D + \frac{D\varepsilon'^2}{\varepsilon(1-\varepsilon)}\frac{1}{\tilde{k}^2}\left(\frac{dh^0}{dx}\right)^2\right] - \frac{dh^0}{dx}\left(\frac{\varepsilon'}{\varepsilon} - \frac{\varepsilon'}{1-\varepsilon}\right)\left(\Delta\rho g D\cos\beta + \tilde{\sigma}\frac{\tilde{k}^2}{D}\right) = 0$$

式中，dh^0/dx 为式(3.18)所示水相厚度的分布。

对于界面长波波动，虚部方程通常简化为 $C/U_o^0 \approx 0$，将其代入式(A.31)，则实部方程可大大简化

$$\frac{\rho_o(U_{os}^0)^2\varepsilon'}{D(1-\varepsilon)^3}\left[\tilde{\gamma}_o - \frac{4e_{1o}(\tilde{h})}{3\tilde{k}^2}\left(\frac{dh^0}{dx}\right)^2\right] - \left[1 + \frac{1}{\tilde{k}^2}\left(\frac{dh^0}{dx}\right)^2\frac{\varepsilon'^2}{\varepsilon(1-\varepsilon)}\right](\Delta\rho g\cos\beta + \tilde{\sigma}k^2)$$
$$+ \frac{1}{\tilde{k}^2}\frac{dh^0}{dx}\frac{\varepsilon'^2}{\varepsilon(1-\varepsilon)}\left[-f_o(\tilde{h})U_o^0\left.\frac{\partial\Delta F_{ow}}{\partial U_o}\right|^0 + D\left.\frac{\partial\Delta F_{ow}}{\partial h}\right|^0\frac{2\varepsilon-1}{\varepsilon'}\right] = 0 \quad (B.35)$$

B.3.4.1 ΔF_{ow} 的偏导数及几何参数

由 $\Delta F_{ow} = -\frac{\tau_w S_w}{A_w} + \frac{\tau_o S_o}{A_o} + \tau_i S_i\left(\frac{1}{A_w} + \frac{1}{A_o}\right) + \Delta\rho g\sin\beta$，对于 $U_{ws} \approx 0$ 的水平管段，ΔF_{ow} 仅由中间两项组成，则其偏导数可化简为

$$\frac{\partial F_{ow}}{\partial U_o} = \left(\frac{S_i}{A_w} + \frac{S_i + S_o}{A_o}\right)\frac{\partial \tau_o}{\partial U_o} \quad (B.36.1)$$

$$\frac{\partial F_{ow}}{\partial U_w} = 0 \quad (B.36.2)$$

$$\frac{\partial F_{ow}}{\partial h} = \left(\frac{S_i}{A_w} + \frac{S_i + S_o}{A_o}\right)\frac{\partial \tau_o}{\partial h} + \tau_o\left[\frac{1}{A_o}\frac{dS_o}{dh} + \left(\frac{1}{A_w} + \frac{1}{A_o}\right)\frac{dS_i}{dh} + \left(\frac{S_o + S_i}{A_o^2} - \frac{S_i}{A_w^2}\right)\frac{dA_w}{dh}\right]$$
$$(B.36.3)$$

实验范围内,油流处于层流,则油流与管壁的摩阻系数 f_o 以及剪切应力为

$$f_o = \frac{16}{Re_o} = \frac{4\mu_o(S_o + S_i)}{\rho_o U_{os} A} \tag{B.37.1}$$

$$\tau_o = \frac{f_o \rho_o U_o^2}{2} = 2\mu_o U_{os} A \frac{S_o + S_i}{A_o^2} = 2\mu_o U_o \frac{S_o + S_i}{A_o} \tag{B.37.2}$$

则油相与管壁的剪切应力的导数分别为

$$\frac{\partial \tau_o}{\partial U_o} = 2\mu_o \frac{S_o + S_i}{A_o} \tag{B.37.3}$$

$$\frac{\partial \tau_o}{\partial h} = 2\mu_o U_{os} A \left[\frac{2(S_o + S_i)}{A_o^3} \frac{dA_w}{dh} + \frac{1}{A_o^2} \left(\frac{dS_o}{dh} + \frac{dS_i}{dh} \right) \right] \tag{B.37.4}$$

将式(B.37.3)代入式(B.36.1)、式(B.37.4)代入式(B.36.3),则

$$\frac{\partial F_{ow}}{\partial U_o} = 2\mu_o \left(\frac{S_i}{A_w} + \frac{S_i + S_o}{A_o} \right) \frac{S_o + S_i}{A_o} \tag{B.38.1}$$

$$\frac{\partial F_{ow}}{\partial h} = 2\mu_o U_{os} A \left(\frac{S_i}{A_w} + \frac{S_i + S_o}{A_o} \right) \left[\frac{2(S_o + S_i)}{A_o^3} \frac{dA_w}{dh} + \frac{1}{A_o^2} \left(\frac{dS_o}{dh} + \frac{dS_i}{dh} \right) \right]$$
$$+ 2\mu_o U_{os} A \frac{S_o + S_i}{A_o^2} \left[\frac{1}{A_o} \frac{dS_o}{dh} + \left(\frac{1}{A_w} + \frac{1}{A_o} \right) \frac{dS_i}{dh} + \left(\frac{S_o + S_i}{A_o^2} - \frac{S_i}{A_w^2} \right) \frac{dA_w}{dh} \right] \tag{B.38.2}$$

根据油水两相流的几何模型,易得两相流通面积、湿周及其导数,即

$$\theta = \arccos(1 - 2\tilde{h}); S_o = D(\pi - \theta); S_i = D\sin\theta; A_o = \frac{D^2}{4}[\pi - \theta + \sin(2\theta)/2];$$

$$A_w = \frac{D^2}{4}[\theta - \sin(2\theta)/2]; \frac{dS_o}{dh} = -\frac{d\theta}{d\tilde{h}} = -\frac{2}{\sqrt{1 - (1 - 2\tilde{h})^2}}; \frac{dA_w}{dh} = D\sqrt{1 - (1 - 2\tilde{h})^2};$$

$$\frac{dS_i}{dh} = \cos\theta \frac{d\theta}{d\tilde{h}} = \frac{2(1 - 2\tilde{h})}{\sqrt{1 - (1 - 2\tilde{h})^2}}; \frac{d^2 A_w}{dh^2} = \frac{dS_i}{dh}; \varepsilon' = \frac{4}{\pi D} \frac{dA_w}{dh}; \varepsilon'' = \frac{4}{\pi} \frac{d^2 A_w}{dh^2}$$

B.3.4.2 方程求解

根据上述分析可知,油水两相界面呈梯度分布、水相速度为零时的界面稳定性判定准则式(B.35)取决于油相速度、物性参数、水相厚度 h 以及界面波动的波长。已知物性参数及扰动波波长后,可求得分层流界面稳定的临界表观油速。这里假设界面扰动波长恰为第3章中水平管段内水相的轴向长度 $L_w(L_w = L - L_{dry})$。相同条件下,根据第3章中式(3.6)或令分层流界面稳定性判断准则式(B.35)中令 $dh^0/dx = 0$ 均可求得忽略界面梯度时的分层界面稳定的临界条件,不过两式存在区别:式(3.6)忽略了界面项,而式(B.35)考虑了界面项。比较两者计算结果发现,后者的计算结果比前者增大约1.3%。此处采用后者以分析界面梯度对稳定性的影响,式(B.35)左边表达式(left hand side, LHS)的值在 $dh^0/dx = 0$ 时随水相厚度的变化如图A.1所示。图中正号区域表示分层流界面波动(LHS>0),负号区域表明分层流界面稳定无波动(LHS<0)。由图B.1发现,忽略界面梯

度时的临界水相厚度仅有一个解(记为 $\tilde{h}_s$)。通过改变油相速度形状因子 γ_o 计算实部方程 LHS 的值发现，γ_o 对解的影响很小(小于 4%)。因实验范围内油流均为层流，取速度形状因子 γ_o 为 4/3 时的结果。假设水相厚度等于临界值时形成水塞，则仅需考察水相厚度的范围为 $0 \leq \tilde{h} \leq \tilde{h}_{cr}$。图 B.1 表明，$dh/dx = 0$ 时，若 $h < h_s$(点 S 对应的水相厚度)，则界面稳定；若 $h_s < h < h_{cr}$，界面产生波动。

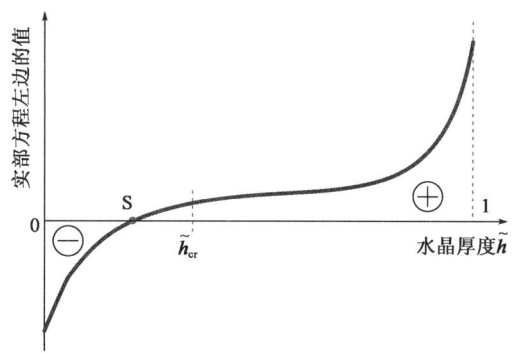

图 B.1　分层流界面稳定性判定准则左边表达式随水相厚度的变化示意图

若考虑界面梯度对油水两相分层流界面稳定性的影响，将 $\tilde{h}_s$ 代入式(3.21)可求得界面梯度 dh/dx 的值，再将 $\tilde{h}_s$、dh/dx 代入实部方程式(B.35)，分析得到 LHS < 0，说明相同表观油速下，考虑界面梯度时的光滑分层流的临界水相厚度要大于忽略界面梯度时的临界水相厚度，则进入上倾管段的水量应满足：

$$AL_2 \leq V_e < \int_{h_s}^{h_{cr}} \frac{A_w(h)}{dh/dx} dh + AL_2 \tag{B.39}$$

如图 B.2 所示为根据式(B.39)得到的两管径管路系统、相同持液率时的进入上倾管段的水量 V_e，可以看出，考虑界面梯度与否对两实验管路系统的进入上倾管段最大水量的影响很小。

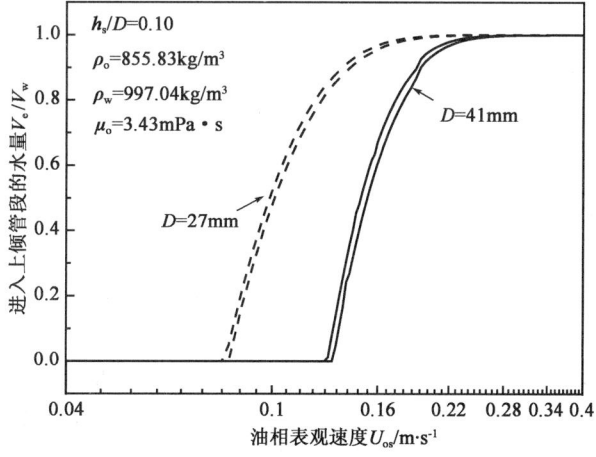

图 B.2　考虑界面梯度时进入上倾管段的水量

附录 C UDF 定义入口速度边界

以管径 27mm、表观油速为 0.05m·s^{-1}为例：

```
/* vprofile.c */
/* UDF for specifying fully-developed velocity profile boundary condition */
#include "UDF.h"
DEFINE_PROFILE(inlet_velocity,thread,position)
{
real x[ND_ND];/* this will hold the position vector */
real y;
face_t f;
begin_f_loop(f,thread)
{
   F_CENTROID(x,f,thread);
   y = x[1];
   F_PROFILE(f,thread,position) = -550.2038*y*y + 26.3531*y - 0.2155587;
}
end_f_loop(f,thread)
}
```